高职高专“十二五”规划教材

高等数学学习指导

主　编　孔辉利
副主编　黄玉强　徐桂英
　　　　肖秀萍　邸素芳

北　京
冶　金　工　业　出　版　社
2014

内 容 提 要

本书是孔辉利主编的教材《高等数学》配套的学习指导书，内容包括函数、极限、连续，导数与微分，导数的应用，不定积分，定积分及其应用和微分方程六章。每章由内容概要、重要题型及解题方法、习题解析、复习题解析、练习题及练习题参考答案五个部分组成。本书对高等数学课程要求掌握的概念、公式、定理以题型的形式，通过方法介绍、例题讲解、习题解析和复习题解析的方式展开，内容丰富，方法独到，例题具有典型性，方法有独创性，书中给出的解题方法可开拓学生的思路，具有仿效价值。

本书可作为高等职业技术学院工科类和经济管理类《高等数学》课程的教学辅导书。

图书在版编目(CIP)数据

高等数学学习指导/孔辉利主编.—北京：冶金工业出版社，2014.8

高职高专“十二五”规划教材

ISBN 978-7-5024-6723-4

Ⅰ.①高… Ⅱ.①孔… Ⅲ.①高等数学—高等职业教育—教学参考资料 Ⅳ.①O13

中国版本图书馆CIP数据核字(2014)第161466号

出 版 人 谭学余
地　　址 北京市东城区嵩祝院北巷39号 邮编 100009 电话 (010)64027926
网　　址 www.cnmip.com.cn 电子信箱 yjcbs@cnmip.com.cn
责任编辑 张 卫 美术编辑 杨 帆
版式设计 葛新霞 责任印制 李玉山
ISBN 978-7-5024-6723-4
冶金工业出版社出版发行；各地新华书店经销；三河市双峰印刷装订有限公司印刷
2014年8月第1版，2014年8月第1次印刷
787mm×1092mm 1/16；9.5印张；221千字；144页
26.00元

冶金工业出版社 投稿电话 (010)64027932 投稿信箱 tougao@cnmip.com.cn
冶金工业出版社营销中心 电话 (010)64044283 传真 (010)64027893
冶金书店 地址 北京市东四西大街46号(100010) 电话 (010)65289081(兼传真)
冶金工业出版社天猫旗舰店 yjgy.tmall.com

前　言

本书是内蒙古自治区教育厅高等学校公共课教学改革科学研究立项课题——“高职院校高等数学课程精品教材立体化建设与改革创新研究”的一项研究成果。这一课题着眼于高等数学教学在高职院校人才培养中的基础性作用，全面提高学生的数学文化素质和综合应用能力，加强内涵建设，提高人才培养的质量，开拓以服务为宗旨，以就业为导向的发展道路。

学习数学最大的难点在于解数学题，如何使学生掌握一套简洁、有效、实用、准确的解题方法是多年来困扰数学教师的难题，编写一本有关高等数学解题方法的学习指导书，需要有多年教学经验的积累以及对高等数学深刻的认识和理解，本书编者多年来一直在探索这一课题。

17 世纪法国数学家迪卡尔说“最有价值的知识是关于方法的知识”，学习数学，虽无定法，却有方法，方法得当事半功倍，方法不当事倍功半。本书是一本关于高等数学解题方法的指导书，本书的创新之处是以题型的形式对高等数学课程的内容进行编排，书中介绍了许多解题方法、技巧，目的是使学生减少学习高等数学的困惑，增强学习高等数学的信心，提高学生解数学题的准确性，使学生对高等数学的题型有整体性和系统化的认识和把握。

高等数学教材受体例和篇幅的限制，不能对学生在学习过程中所遇到的各种疑难问题都给出详细的解答，因此，本书是对高等数学教材的有益补充。本书能帮助学生更好的理解和掌握高等数学的基本概念和基本理论，掌握解题的方法，提高解题的能力，从而提高分析问题和解决问题的能力，结合题型的训练，在解决实际问题中加深对基本概念，基本技巧的理解和掌握，帮助学生克服学习高等数学过程中遇到的困难，活跃思路，开拓视野，提升能力，学以致用，提高学习数学的兴趣，增强学习数学的信心，激发学习数学的意志。

本书由孔辉利任主编，黄玉强，徐桂英，肖秀萍，邸素芳任副主编。

由于编者水平所限，书中如有不足之处敬请使用本书的师生与读者批评指正，以便修订时改进。如读者在使用本书的过程中有其他意见或建议，恳请向编者（bjzhangxf@126.com）踊跃提出宝贵意见。

编　者

目　录

第1章 函数、极限、连续

1.1 内容概要

1.1.1 函数

1. 函数的定义

设有两个变量x，y及非空集合D，如果对于D中的每一个变量x，按照某一个确定的法则，变量y总有一个确定的值与之对应，则称变量y是变量x的函数，记作$y=f(x)$.

2. 函数的性质

（1）奇偶性. 设函数$y=f(x)$的定义域D关于原点对称，如果对于定义域中的任何x，都有$f(-x)=f(x)$，则称$y=f(x)$为偶函数，如果$f(-x)=-f(x)$，则称$y=f(x)$为奇函数，既不是奇函数也不是偶函数的函数，称为非奇非偶函数，偶函数的图形关于y轴对称，奇函数的图形关于原点对称.

（2）单调性. 设函数$y=f(x)$的定义域为D，区间$I\subset D$，如果对于区间I上的任意两点x_1，x_2，当$x_1<x_2$时，有$f(x_1)<f(x_2)$，则称$f(x)$在区间I上单调增加，当$x_1<x_2$时，有$f(x_1)>f(x_2)$，则称$f(x)$在区间I上单调减少. 称区间I为函数$y=f(x)$的单调区间. 单调增加和单调减少函数统称为单调函数.

（3）周期性. 设有函数$y=f(x)$，$x\in D$，如果存在常数$T(T\neq 0)$使得对于任意$x\in D$，都有$x+T\in D$，且$f(x+T)=f(x)$恒成立，则称函数$y=f(x)$为周期函数，T称为函数$y=f(x)$的周期. T是周期，则$kT(k=\pm 1,\pm 2\cdots)$，也是函数$y=f(x)$的周期. 若其中存在一个最小正数，则规定这个最小正数为函数$y=f(x)$的最小正周期，简称周期.

（4）有界性. 设函数$y=f(x)$，$x\in D$，若存在一个正数M，使得对于任意$x\in D$，恒有$|f(x)|\leqslant M$成立，则称函数$f(x)$在D上有界，或称函数$f(x)$为D上的有界函数，否则，称函数$f(x)$在D上无界.

3. 反函数

设函数$y=f(x)$值域为R，如果对于R中的每一个值，都有一个确定的值x满足$y=f(x)$与之对应，则得到一个定义在R上的以y为自变量，x为因变量的函数，记作$x=f^{-1}(y)$，称$x=f^{-1}(y)$为$y=f(x)$的反函数，把$x=f^{-1}(y)$写成$y=f^{-1}(x)$，即反函数的因变量仍用y表示，自变量仍用x表示，函数$y=f(x)$与$y=f^{-1}(x)$互为反函数.

4. 基本初等函数

幂函数 $y=x^{\alpha}$，$(\alpha\in R)$

指数函数 $y=a^x$，$(a>0$ 且 $a\neq 1)$，对数函数 $y=\log_a x$，$(a>0$ 且 $a\neq 1)$

三角函数 $y=\sin x$ $y=\cos x$ $y=\tan x$ $y=\cot x$ $y=\sec x$ $y=\csc x$

反三角函数 $y=\arcsin x$ $y=\arccos x$ $y=\arctan x$ $y=\operatorname{arccot} x$

5. 复合函数

若 y 是 u 的函数 $y=f(u)$，u 是 x 的函数 $u=\varphi(x)$ 且 $\varphi(x)$ 的函数值的全部或部分在 $f(u)$ 的定义域内，则 y 通过 u 的联系也是 x 的函数，由 $y=f(u)$ 及 $u=\varphi(x)$ 复合而成的函数称为复合函数，记作 $y=f[\varphi(x)]$，其中 u 是中间变量.

6. 初等函数

由五类基本初等函数经过有限次的四则运算和有限次的复合构成，并且可以用一个数学式子表示的函数，称为初等函数.

7. 分段函数

在定义域内，当自变量在不同部分取值时，有不同的对应关系的函数叫作分段函数. 分段函数的定义域是各个部分的自变量取值集合的并集. 求分段函数的函数值 $f(x_0)$，要根据 x_0 所在的区间，选择相应的解析式.

1.1.2 极限

1. 数列的极限

当 $n\to\infty$ 时，数列 $\{u_n\}$ 无限接近一个确定的常数 A，则称 A 为数列 $\{u_n\}$ 的极限，记作 $\lim\limits_{n\to\infty}u_n=A$ 或 $u_n\to A$（$n\to\infty$）. $\lim\limits_{n\to\infty}u_n=A$ 也称数列 $\{u_n\}$ 收敛于 A，如果数列 $\{u_n\}$ 的极限不存在，则称 $\{u_n\}$ 发散.

2. 函数的极限

（1）$x\to\infty$ 时，函数 $f(x)$ 的极限。当 $|x|$ 无限增大时，函数 $f(x)$ 无限接近常数 A，则称 A 为 $x\to\infty$ 时 $f(x)$ 的极限，记作 $\lim\limits_{x\to\infty}f(x)=A$；$x>0$ 且 $|x|$ 无限增大时，$f(x)$ 无限接近常数 A，极限记作 $\lim\limits_{x\to+\infty}f(x)=A$；$x<0$ 且 $|x|$ 无限增大时，$f(x)$ 无限接近常数 A，极限记作 $\lim\limits_{x\to-\infty}f(x)=A$.

极限 $\lim\limits_{x\to\infty}f(x)=A$ 存在的充要条件是 $\lim\limits_{x\to-\infty}f(x)=\lim\limits_{x\to+\infty}f(x)=A$.

（2）$x\to x_0$ 时，函数 $f(x)$ 的极限。当 $x\to x_0$ 时，$f(x)$ 无限接近常数 A，则称 A 为当 $x\to x_0$ 时 $f(x)$ 的极限，记作 $\lim\limits_{x\to x_0}f(x)=A$；当 $x<x_0$ 且 $x\to x_0$ 时，$f(x)$ 无限接近常数 A，称 A 为 $x\to x_0$ 时 $f(x)$ 的左极限，记作 $\lim\limits_{x\to x_0^-}f(x)=A$ 或 $f(x_0-0)=A$；当 $x>x_0$ 且 $x\to x_0$ 时，$f(x)$ 无限接近常数 A，称 A 为 $x\to x_0$ 时 $f(x)$ 的右极限，记作 $\lim\limits_{x\to x_0^+}f(x)=A$ 或 $f(x_0+0)=A$. 左极限和右极限统称为单侧极限.

极限 $\lim\limits_{x\to x_0}f(x)=A$ 存在的充要条件是 $\lim\limits_{x\to x_0^-}f(x)=\lim\limits_{x\to x_0^+}f(x)=A$.

3. 极限的四则运算

设函数 $f(x)$，$g(x)$ 在 $x\to x_0$（或 $x\to\infty$）时极限存在，且 $\lim f(x)=A,\lim g(x)=B$，则它们的和、差、积、商（分母的极限不为零），在 $x\to x_0$（或 $x\to\infty$）时极限存在，且有

（1）$\lim[f(x)\pm g(x)]=\lim f(x)\pm\lim g(x)=A\pm B$

（2）$\lim f(x)g(x)=\lim f(x)\cdot\lim g(x)=AB$

（3）$\lim\dfrac{f(x)}{g(x)}=\dfrac{\lim f(x)}{\lim g(x)}=\dfrac{A}{B}$（$B\neq0$）

（4）$\lim[f(x)]^n=[\lim f(x)]^n=A^n$

(5) $\lim Cf(x)=C\lim f(x)=CA$

4. 极限存在准则

(1) 单调有界准则. 如果数列$\{u_n\}$单调有界，则$\lim\limits_{n\to\infty}u_n$一定存在，即单调有界数列必有极限.

(2) 迫敛准则. 函数$f(x)$、$g(x)$、$h(x)$，在同一变化过程中满足$g(x)\leqslant f(x)\leqslant h(x)$，且$\lim g(x)=\lim h(x)=a$，则有$\lim f(x)=a$.

5. 两个重要极限

(1) $\lim\limits_{u\to 0}\dfrac{\sin u}{u}=1$

(2) $\lim\limits_{u\to\infty}\left(1+\dfrac{1}{u}\right)^u=\mathrm{e}$ 或 $\lim\limits_{u\to 0}(1+u)^{\frac{1}{u}}=\mathrm{e}$

6. 无穷小

当$x\to x_0$（或$x\to\infty$）时，$f(x)\to 0$，即$\lim f(x)=0$，称函数$f(x)$为$x\to x_0$（或$x\to\infty$）时的无穷小量，简称无穷小.

7. 函数的极限与无穷小的关系

$\lim\limits_{x\to x_0}f(x)=A\Leftrightarrow f(x)=A+\alpha$，$\alpha$是当$x\to x_0$时的无穷小量.

8. 无穷小的性质

(1) 有限个无穷小的代数和是无穷小.

(2) 有界函数与无穷小的乘积是无穷小.

(3) 常数与无穷小的乘积是无穷小.

(4) 有限个无穷小的积是无穷小.

9. 无穷大

当$x\to x_0$（或$x\to\infty$）时，$|f(x)|$无限增大，称函数$f(x)$为$x\to x_0$（或$x\to\infty$）时的无穷大量，简称无穷大. 函数$f(x)$当$x\to x_0$（或$x\to\infty$）时为无穷大，它的极限不存在，为了描述函数的变化趋势，称函数的极限是无穷大，记作$\lim f(x)=\infty$. 在无穷大的定义中，如果对于x_0的某邻域（或绝对值充分大）的x，相应的函数值都为正或都为负，分别记作$\lim f(x)=+\infty$或$\lim f(x)=-\infty$. 在自变量的同一变化过程中，如果$f(x)$是无穷大，则$\dfrac{1}{f(x)}$是无穷小；如果$f(x)$是无穷小，且$f(x)\neq 0$，则$\dfrac{1}{f(x)}$是无穷大.

10. 无穷小的比较

设α，β是自变量在同一变化趋势下的无穷小，则：

(1) 如果$\lim\dfrac{\beta}{\alpha}=0$，则称$\beta$是比$\alpha$高阶的无穷小，记作$\beta=o(\alpha)$.

(2) 如果$\lim\dfrac{\beta}{\alpha}=\infty$，则称$\beta$是比$\alpha$低阶的无穷小.

(3) 如果$\lim\dfrac{\beta}{\alpha}=C\neq 0$，则称$\beta$与$\alpha$是同阶无穷小.

(4) 如果$\lim\dfrac{\beta}{\alpha}=1$，则称$\beta$与$\alpha$是等价无穷小，记作$\beta\sim\alpha$.

11. 常用的等价无穷小

（1）当 $x\to 0$ 时，$\sin x\sim x$，$\tan x\sim x$，$\ln(1+x)\sim x$，$e^x-1\sim x$，$\arcsin x\sim x$，$\arctan x\sim x$.

（2）当 $x\to 0$ 时，$1-\cos x\sim\frac{1}{2}x^2$.

（3）当 $x\to 0$ 时，$(1+x)^{\alpha}-1\sim\alpha x$，$(\alpha\neq 0)$.

12. 等价无穷小的替换

如果 $\alpha\sim\alpha'$，$\beta\sim\beta'$，则 $\lim\frac{\beta}{\alpha}=\lim\frac{\beta'}{\alpha'}=\lim\frac{\beta'}{\alpha}=\lim\frac{\beta}{\alpha'}$.

1.1.3 函数的连续性

1. 函数在点 x_0 处连续的定义

（1）若 $\lim\limits_{\Delta x\to 0}\Delta y=0$ 或 $\lim\limits_{\Delta x\to 0}[f(x_0+\Delta x)-f(x_0)]=0$，则称函数 $y=f(x)$ 在点 x_0 连续.

（2）设 $y=f(x)$ 在点 x_0 的某邻域内有定义，如果函数 $y=f(x)$ 在 $x\to x_0$ 时的极限存在，且等于它在点 x_0 的函数值 $f(x_0)$，即 $\lim\limits_{x\to x_0}f(x)=f(x_0)$，则称函数 $y=f(x)$ 在点 x_0 连续.

（3）$\lim\limits_{\Delta x\to 0}\Delta y=0$ 与 $\lim\limits_{x\to x_0}f(x)=f(x_0)$ 等价.

2. 区间上的连续函数

（1）在开区间 (a,b) 内每一点都连续的函数，称为在开区间 (a,b) 内的连续函数，或称函数在开区间 (a,b) 内连续.

（2）如果函数在开区间 (a,b) 内连续，且在左端点 a 右连续，在右端点 b 左连续，则称函数在 $[a,b]$ 上连续.

3. 连续函数的和、差、积、商的连续性

如果函数 $f(x)$，$g(x)$ 在点 x_0 连续，则它们的和、差、积、商（分母不为零）也在点 x_0 连续，即：

（1）$\lim\limits_{x\to x_0}[f(x)\pm g(x)]=\lim\limits_{x\to x_0}f(x)\pm\lim\limits_{x\to x_0}g(x)=f(x_0)\pm g(x_0)$

（2）$\lim\limits_{x\to x_0}f(x)\cdot g(x)=\lim\limits_{x\to x_0}f(x)\cdot\lim\limits_{x\to x_0}g(x)=f(x_0)\cdot g(x_0)$

（3）$\lim\limits_{x\to x_0}\frac{f(x)}{g(x)}=\frac{\lim\limits_{x\to x_0}f(x)}{\lim\limits_{x\to x_0}g(x)}=\frac{f(x_0)}{g(x_0)}\quad(g(x_0)\neq 0)$

4. 复合函数的连续性

如果函数 $u=\varphi(x)$ 在点 x_0 连续，且 $\varphi(x_0)=u_0$，而函数 $y=f(u)$ 在点 u_0 连续，则复合函数 $y=f[\varphi(x)]$ 在点 x_0 连续，即：

$$\lim_{x\to x_0}f[\varphi(x)]=\lim_{u\to u_0}f(u)=f(u_0)=f[\varphi(x_0)]=f[\lim_{x\to x_0}\varphi(x)]$$

5. 初等函数的连续性

基本初等函数在它们的定义域内都是连续的，由上面的结论又可得到一切初等函数在其定义区间内都是连续的.

6. 闭区间上连续函数的性质

（1）最大值和最小值定理。如果函数 $f(x)$ 在闭区间 $[a,b]$ 上连续，则它在 $[a,b]$ 上一定有最大值和最小值.

（2）有界性定理。如果函数 $f(x)$ 在闭区间 $[a,b]$ 上连续，则它在 $[a,b]$ 上有界，即存在常数 $K>0$，使 $|f(x)|\leqslant K$ 对任一 $x\in[a,b]$ 成立.

（3）零点定理。如果函数 $f(x)$ 在闭区间 $[a,b]$ 上连续，且 $f(a)\cdot f(b)<0$，则在开区间 (a,b) 内至少存在函数 $f(x)$ 的一个零点，即至少存在一点 $\xi(a<\xi<b)$ 使得 $f(\xi)=0$.

（4）介值定理。如果函数 $f(x)$ 在闭区间 $[a,b]$ 上连续，且在区间的端点处取不同的函数值，$f(a)=A$，$f(b)=B$，则对于 A 与 B 之间的任意一个常数 C，在开区间 (a,b) 内至少存在一点 ξ，使得 $f(\xi)=C(a<\xi<b)$. 在闭区间上连续的函数一定能取得介于最大值 M 与最小值 m 之间的任何值.

1.2　重要题型及解题方法

1.2.1　判断两个函数是否相同

【解题方法】

（1）判断两个函数是否表示同一函数（或恒等），只要满足两个条件：两个函数的定义域相同；两个函数的对应法则相同. 则这两个函数表示同一函数（或恒等）.

（2）函数的表示法只与定义域和对应法则有关而与用什么字母表示无关，即：

$$f(x)=f(u)=f(t)=\cdots$$

【例 1-1】 下列各题中两个函数是否相同？为什么？

（1）$y=\cos x$ 与 $y=\sqrt{1-\sin^2 x}$　　（2）$y=\ln x^2$ 与 $y=2\ln|x|$

（3）$y=\sin^2 x+\cos^2 x$ 与 $y=1$　　（4）$y=x+1$ 与 $y=\dfrac{x^2-1}{x-1}$

解：（1）$y=\cos x$ 与 $y=\sqrt{1-\sin^2 x}$ 定义域相同，对应法则不同，因此两个函数不同.

（2）由 $y=\ln x^2=2\ln|x|$，知两个函数相同.

（3）由 $y=\sin^2 x+\cos^2 x=1$，知两个函数相同.

（4）$y=x+1$ 的定义域为 $(-\infty,+\infty)$，$y=\dfrac{x^2-1}{x-1}$ 的定义域是 $x\neq 1$，两个函数不同.

1.2.2　求函数的定义域

【解题方法】

由解析式表示的函数的定义域是使该解析式有意义的一切实数的集合，求函数的定义域应注意以下几点：

（1）$\dfrac{1}{\varphi(x)}$，$\varphi(x)\neq 0$；　　$\sqrt{\varphi(x)}$，$\varphi(x)\geqslant 0$；

$\dfrac{1}{\sqrt{\varphi(x)}}$，$\varphi(x)>0$；　　$\ln\varphi(x)$，$\varphi(x)>0$；

$\tan\varphi(x)$，$\varphi(x)\neq k\pi+\dfrac{\pi}{2}(k\in Z)$；　　$\cot\varphi(x)$，$\varphi(x)\neq k\pi(k\in Z)$；

$\arcsin\varphi(x)$，$|\varphi(x)|\leqslant 1$；　　$\arccos\varphi(x)$，$|\varphi(x)|\leqslant 1$.

（2）函数式由几个函数经四则运算构成，其定义域是各部分自变量取值的交集.

（3）分段函数的定义域是各部分自变量取值的并集.

【例 1-2】求下列函数的定义域.

（1）$y=\sqrt{x-2}+\dfrac{1}{x-3}+\ln(5-x)$

（2）$y=\sqrt{16-x^2}+\arcsin\dfrac{2x-1}{7}$

解：（1）由$\begin{cases}x-2\geqslant 0\\x-3\neq 0\\5-x>0\end{cases}$，得 $x\geqslant 2$，$x\neq 3$ 且 $x<5$，

定义域为$[2,3)\cup(3,5)$.

（2）由$\begin{cases}16-x^2\geqslant 0\\\left|\dfrac{2x-1}{7}\right|\leqslant 1\end{cases}$，得 $-4\leqslant x\leqslant 4$，$|2x-1|\leqslant 7$，$-3\leqslant x\leqslant 4$，

定义域为$[-3,4]$.

1.2.3 求函数值与函数表达式

【解题方法】

（1）对分段函数求函数值$f(x_0)$，要根据 x_0 所在的区间，用$f(x)$相对应的表达式求$f(x_0)$.

（2）已知$f(x)$，$g(x)$，求$f[g(x)]$的表达式，即求复合函数$f[g(x)]$，只需用$g(x)$替换$f(x)$中的 x.

（3）已知$f[g(x)]$的表达式，求$f(x)$，可令$g(x)=u$，解出$x=g^{-1}(u)$，然后分别代入已知函数的表达式，求出$f(u)$，再将 u 换成 x，即得$f(x)$的表达式.

【例 1-3】设$f(x)=\begin{cases}x+2 & 0\leqslant x\leqslant 2\\x^2 & x>2\end{cases}$，求定义域及$f(1)$，$f(3)$，$f(x-1)$.

解：$f(x)$的定义域为$[0,2]\cup(2,+\infty)=[0,+\infty)$

则 $$f(1)=3,\ f(3)=9,\ f(x-1)=\begin{cases}(x-1)+2, & 0\leqslant x-1\leqslant 2\\(x-1)^2, & x-1>2\end{cases}$$

即 $$f(x-1)=\begin{cases}x+1, & 1\leqslant x\leqslant 3\\(x-1)^2, & x>3\end{cases}$$

【例 1-4】设$f(x)=\dfrac{x}{\sqrt{1+x^2}}$，求$f[f(x)]$.

解：$f[f(x)]=\dfrac{f(x)}{\sqrt{1+f^2(x)}}=\dfrac{\dfrac{x}{\sqrt{1+x^2}}}{\sqrt{1+\dfrac{x^2}{1+x^2}}}=\dfrac{x}{\sqrt{1+2x^2}}$

【例 1-5】设$f(x)=\dfrac{ax}{2x+3}$，且$f[f(x)]=x$，求 a.

解：由$f[f(x)]=\dfrac{af(x)}{2f(x)+3}=x$

得
$$\frac{a\frac{ax}{2x+3}}{2\frac{ax}{2x+3}+3}=\frac{a^2x}{2ax+6x+9}=x$$

即
$$a^2x=(2a+6)x^2+9x$$

比较同次项的系数，得

$$\begin{cases}a^2=9\\2a+6=0\end{cases},\ a=-3$$

【例1-6】已知$f\left(\frac{1}{x}\right)=\frac{x}{1+x}$，求$f(x)$.

解：令$\frac{1}{x}=u$，有$x=\frac{1}{u}$，则有$f(u)=\frac{\frac{1}{u}}{1+\frac{1}{u}}=\frac{1}{1+u}$

即
$$f(x)=\frac{1}{1+x}$$

另法：$f\left(\frac{1}{x}\right)=\frac{x}{1+x}=\frac{1}{1+\frac{1}{x}}$

即
$$f(x)=\frac{1}{1+x}$$

【例1-7】设$f\left(x+\frac{1}{x}\right)=x^2+\frac{1}{x^2}+3$，求$f(x)$.

解：$f\left(x+\frac{1}{x}\right)=\left(x+\frac{1}{x}\right)^2-2+3=\left(x+\frac{1}{x}\right)^2+1$

即
$$f(x)=x^2+1$$

1.2.4　判断函数的奇偶性

【解题方法】

（1）给定函数$f(x)$，若$f(-x)=-f(x)$，则$f(x)$是奇函数.

（2）若$f(-x)=f(x)$，则$f(x)$是偶函数.

（3）若$f(-x)\neq\pm f(x)$，则$f(x)$是非奇非偶函数.

（4）常用偶函数：x^{2n}，$\cos x$，$|x|$，$|\sin x|$，$e^{|x|}$；常用奇函数：x^{2n+1}，$\sin x$，$\tan x$，$\arcsin x$，$\arctan x$.

【例1-8】判断下列函数的奇偶性.

（1）$f(x)=\frac{e^{-x}-1}{e^{-x}+1}$　　（2）$f(x)=x\left(\frac{1}{2^x-1}+\frac{1}{2}\right)$

解：（1）$f(-x)=\frac{e^x-1}{e^x+1}=\frac{1-e^{-x}}{1+e^{-x}}=-\frac{e^{-x}-1}{e^{-x}+1}=-f(x)$

所以$f(x)=\frac{e^{-x}-1}{e^{-x}+1}$是奇函数.

（2）$f(-x)=-x\left(\frac{1}{2^{-x}-1}+\frac{1}{2}\right)=-x\left(\frac{2^x}{1-2^x}+\frac{1}{2}\right)$

$$=x\left(\frac{2^x}{2^x-1}-\frac{1}{2}\right)=x\left(\frac{2^x-1+1}{2^x-1}-\frac{1}{2}\right)$$

$$=x\left(\frac{1}{2^x-1}+1-\frac{1}{2}\right)=x\left(\frac{1}{2^x-1}+\frac{1}{2}\right)=f(x)$$

所以$f(x)=x\left(\frac{1}{2^x-1}+\frac{1}{2}\right)$是偶函数.

1.2.5 判定周期函数的周期

【解题方法】

（1）若 T 为$f(x)$的周期，则$f(ax+b)$的周期为$\frac{T}{|a|}$.

（2）若$f(x)$的周期为 T_1，$g(x)$的周期为 T_2，则$f(x)\pm g(x)$的周期 T 为 T_1，T_2的最小公倍数.

（3）常用的周期函数：$\sin x$，$\cos x$，$T=2\pi$；$\tan x$，$\cot x$，$|\sin x|$，$|\cos x|$，$T=\pi$.

【例 1-9】 $f(x)=2\cos\frac{x}{2}-3\sin\frac{x}{3}$，求$f(x)$的周期.

解：由 $2\cos\frac{x}{2}$的周期为4π，$3\sin\frac{x}{3}$的周期为6π，可知$f(x)=2\cos\frac{x}{2}-3\sin\frac{x}{3}$的周期是$12\pi$.

1.2.6 求已知函数的反函数

【解题方法】

（1）由方程$y=f(x)$解出 x，把 x 的表达式中的 x 与 y 交换，即得所求函数的反函数 $y=f^{-1}(x)$.

（2）$y=f(x)$的图形与其反函数 $x=f^{-1}(y)$的图形重合.

（3）$y=f(x)$的图形与其反函数 $y=f^{-1}(x)$的图形关于直线 $y=x$ 对称.

（4）只有一一对应的函数有反函数.

【例 1-10】 求下列函数的反函数.

（1）$y=\frac{1-e^x}{1+e^x}$　　　（2）$y=\ln(x-1)+1$

解：（1）由 $y=\frac{1-e^x}{1+e^x}$，得 $e^x=\frac{1-y}{1+y}$，即 $x=\ln\frac{1-y}{1+y}$，反函数为 $y=\ln\frac{1-x}{1+x}$.

（2）由 $y=\ln(x-1)+1$，得 $e^{y-1}=x-1$，反函数为 $y=e^{x-1}+1$.

1.2.7 求数列的极限

【解题方法】

（1）数列极限中常见的题型是$\frac{\infty}{\infty}$和 1^∞ 型未定式，题型$\infty-\infty$型未定式可通过通分和有理化化为$\frac{\infty}{\infty}$型未定式.

（2）$\frac{\infty}{\infty}$型未定式的解法是分子、分母同除以n的幂次最高的项，再利用极限的四则运算法则及已知数列的极限求解.

（3）1^{∞}型未定式的解法是：

$$\lim_{n\to\infty}(1+f(n))^{g(n)}=\lim_{n\to\infty}(1+f(n))^{\frac{1}{f(n)}\cdot f(n)g(n)}=e^{\lim\limits_{n\to\infty}f(n)g(n)}$$

利用重要极限$\lim\limits_{n\to\infty}(1+f(n))^{\frac{1}{f(n)}}=e$及极限$\lim\limits_{n\to\infty}f(n)g(n)$求出结果.

【例1-11】求下列数列的极限.

（1）$\lim\limits_{n\to\infty}\frac{n}{\sqrt{n^2+1}+n}$　　（2）$\lim\limits_{n\to\infty}(\sqrt{n^2+1}-\sqrt{n^2-1})$

（3）$\lim\limits_{n\to\infty}\frac{n-\sin n}{n+\cos n}$　　（4）$\lim\limits_{n\to\infty}\left(\frac{1+2+3\cdots+n}{n+2}-\frac{n}{2}\right)$

解：（1）$\lim\limits_{n\to\infty}\frac{n}{\sqrt{n^2+1}+n}=\lim\limits_{n\to\infty}\frac{1}{\sqrt{1+\frac{1}{n^2}}+1}=\frac{1}{2}$

（2）$\lim\limits_{n\to\infty}(\sqrt{n^2+1}-\sqrt{n^2-1})=\lim\limits_{n\to\infty}\frac{(\sqrt{n^2+1}-\sqrt{n^2-1})(\sqrt{n^2+1}+\sqrt{n^2-1})}{(\sqrt{n^2+1}+\sqrt{n^2-1})}$

$$=\lim_{n\to\infty}\frac{2}{\sqrt{n^2+1}+\sqrt{n^2-1}}=\lim_{n\to\infty}\frac{\frac{2}{n}}{\sqrt{1+\frac{1}{n^2}}+\sqrt{1-\frac{1}{n^2}}}=0$$

（3）$\lim\limits_{n\to\infty}\frac{n-\sin n}{n+\cos n}=\lim\limits_{n\to\infty}\frac{1-\frac{1}{n}\sin n}{1+\frac{1}{n}\cos n}=1$

（4）$\lim\limits_{n\to\infty}\left(\frac{1+2+3+\cdots+n}{n+2}-\frac{n}{2}\right)=\lim\limits_{n\to\infty}\left[\frac{n(n+1)}{2(n+2)}-\frac{n}{2}\right]=\lim\limits_{n\to\infty}\frac{n^2+n-n^2-2n}{2(n+2)}$

$$=\lim_{n\to\infty}\frac{-n}{2n+4}=-\frac{1}{2}$$

【例1-12】求下列数列的极限.

（1）$\lim\limits_{n\to\infty}\left(1-\frac{2}{n}\right)^{n+1}$　　（2）$\lim\limits_{n\to\infty}\left(\frac{n+2}{n+1}\right)^{n}$

解：（1）$\lim\limits_{n\to\infty}\left(1-\frac{2}{n}\right)^{n+1}=\lim\limits_{n\to\infty}\left(1-\frac{2}{n}\right)^{-\frac{n}{2}\left(-\frac{2}{n}\right)(n+1)}=e^{\lim\limits_{n\to\infty}\frac{-2n-2}{n}}=e^{-2}$

（2）$\lim\limits_{n\to\infty}\left(\frac{n+2}{n+1}\right)^{n}=\lim\limits_{n\to\infty}\left(1+\frac{1}{n+1}\right)^{n}=\lim\limits_{n\to\infty}\left(1+\frac{1}{n+1}\right)^{(n+1)\frac{n}{n+1}}=e^{\lim\limits_{n\to\infty}\frac{n}{n+1}}=e$

1.2.8　利用迫敛准则求数列的极限

【解题方法】

（1）迫敛准则：$g(n)\leqslant f(n)\leqslant h(n)$，且$\lim\limits_{n\to\infty}g(n)=\lim\limits_{n\to\infty}h(n)=A\Rightarrow\lim\limits_{n\to\infty}f(n)=A$.

（2）用迫敛准则证明函数的极限，常用的方法是利用不等式放缩法证明.

【例 1-13】证明：$\lim\limits_{n\to\infty}\left(\dfrac{1}{n^2+n+1}+\dfrac{2}{n^2+n+2}+\cdots+\dfrac{n}{n^2+n+n}\right)=\dfrac{1}{2}.$

证明：

由 $\dfrac{n(n+1)}{2(n^2+n+n)}\leqslant\dfrac{1}{n^2+n+1}+\dfrac{2}{n^2+n+2}\cdots+\dfrac{n}{n^2+n+n}\leqslant\dfrac{n(n+1)}{2(n^2+n+1)}$

且 $\lim\limits_{n\to\infty}\dfrac{n(n+1)}{2(n^2+n+n)}=\lim\limits_{n\to\infty}\dfrac{n(n+1)}{2(n^2+n+1)}=\dfrac{1}{2}$

因此 $\lim\limits_{n\to\infty}\left(\dfrac{1}{n^2+n+1}+\dfrac{2}{n^2+n+2}+\cdots+\dfrac{n}{n^2+n+n}\right)=\dfrac{1}{2}$

1.2.9 $\dfrac{0}{0}$型未定式的计算方法

【解题方法】

对于$\dfrac{0}{0}$型未定式常用的计算方法有：

（1）因式分解或有理化，约去零因子.

（2）利用重要极限$\lim\limits_{u\to0}\dfrac{\sin u}{u}=1$.

（3）对乘积和商的情形，可利用等价无穷小替换.

（4）常用等价无穷小：

$x\sim\sin x\sim\tan x\sim\ln(1+x)\sim e^x-1\sim\arcsin x\sim\arctan x\ (x\to0)$

$1-\cos x\sim\dfrac{1}{2}x^2\ (x\to0)$

$(1+x)^\alpha-1\sim\alpha x\ (x\to0)$

（5）利用洛必达法则：$\lim\dfrac{f(x)}{g(x)}=\lim\dfrac{f'(x)}{g'(x)}=\lim\dfrac{f''(x)}{g''(x)}=\cdots$.

【例 1-14】求下列函数的极限.

（1）$\lim\limits_{x\to1}\dfrac{\sqrt{x}-1}{x^2-1}$ （2）$\lim\limits_{x\to0}\dfrac{1-\cos2x}{x\sin x}$

（3）$\lim\limits_{x\to\pi}\dfrac{\sin x}{\pi^2-x^2}$ （4）$\lim\limits_{x\to0}\dfrac{\tan x-\sin x}{\sin^3x}$

解：（1）$\lim\limits_{x\to1}\dfrac{\sqrt{x}-1}{x^2-1}=\lim\limits_{x\to1}\dfrac{(\sqrt{x}-1)(\sqrt{x}+1)}{(x-1)(x+1)(\sqrt{x}+1)}=\lim\limits_{x\to1}\dfrac{1}{(x+1)(\sqrt{x}+1)}=\dfrac{1}{4}$

（2）$\lim\limits_{x\to0}\dfrac{1-\cos2x}{x\sin x}=\lim\limits_{x\to0}\dfrac{2\sin^2x}{x\sin x}=\lim\limits_{x\to0}\dfrac{2\sin x}{x}=2$

（3）$\lim\limits_{x\to\pi}\dfrac{\sin x}{\pi^2-x^2}=\lim\limits_{x\to\pi}\dfrac{\sin(\pi-x)}{(\pi-x)(\pi+x)}=\lim\limits_{x\to\pi}\dfrac{\sin(\pi-x)}{\pi-x}\cdot\dfrac{1}{\pi+x}=\dfrac{1}{2\pi}$

（4）$\lim\limits_{x\to0}\dfrac{\tan x-\sin x}{\sin^3x}=\lim\limits_{x\to0}\dfrac{\tan x(1-\cos x)}{\sin^3x}=\lim\limits_{x\to0}\dfrac{x\cdot\frac{1}{2}\cdot x^2}{x^3}=\dfrac{1}{2}$

1.2.10　$\dfrac{\infty}{\infty}$型未定式的计算方法

【解题方法】

（1）分子、分母同除以分式的最高次幂，利用$\dfrac{1}{x^\alpha}\to 0$（$x\to\infty$），可确定极限值.

（2）利用 $\lim\limits_{x\to+\infty} q^x=0$，$0<|q|<1$.

（3）利用$\lim\limits_{x\to\infty}\dfrac{f(x)}{g(x)}=\lim\limits_{x\to\infty}\dfrac{a_0x^n+a_1x^{n-1}+\cdots+a_n}{b_0x^m+b_1x^{m-1}+\cdots+b_m}=\begin{cases}\dfrac{a_0}{b_0}, & n=m\\ 0, & n<m\\ \infty, & n>m\end{cases}$（$a_0$，$b_0\neq 0$；$n$，$m$ 取非负整数）.

（4）利用洛必达法则：$\lim\dfrac{f(x)}{g(x)}=\lim\dfrac{f'(x)}{g'(x)}=\lim\dfrac{f''(x)}{g''(x)}=\cdots$.

【例 1-15】 求下列函数的极限.

（1）$\lim\limits_{x\to\infty}\dfrac{(x-1)(x^2+1)}{2x^3+4}$　　　　（2）$\lim\limits_{x\to+\infty}\dfrac{\sqrt{1+x^2}+1}{x-1}$

解：（1）$\lim\limits_{x\to\infty}\dfrac{(x-1)(x^2+1)}{2x^3+4}=\lim\limits_{x\to\infty}\dfrac{x^3-x^2+x-1}{2x^3+4}=\dfrac{1}{2}$

（2）$\lim\limits_{x\to+\infty}\dfrac{\sqrt{1+x^2}+1}{x-1}=\lim\limits_{x\to+\infty}\dfrac{\sqrt{\dfrac{1}{x^2}+1}+\dfrac{1}{x}}{1-\dfrac{1}{x}}=1$

1.2.11　$\infty-\infty$型未定式的计算方法

【解题方法】

先通分，化为$\dfrac{0}{0}$型或$\dfrac{\infty}{\infty}$型未定式，再按$\dfrac{0}{0}$型或$\dfrac{\infty}{\infty}$型未定式的解题方法求解.

【例 1-16】 求下列函数的极限.

（1）$\lim\limits_{x\to1}\left(\dfrac{3}{1-x^3}-\dfrac{1}{1-x}\right)$　　　　（2）$\lim\limits_{x\to+\infty}(\sqrt{x^2+1}-x)$

解：（1）$\lim\limits_{x\to1}\left(\dfrac{3}{1-x^3}-\dfrac{1}{1-x}\right)=\lim\limits_{x\to1}\dfrac{(1-x)(x+2)}{(1-x)(1+x+x^2)}$

$=\lim\limits_{x\to1}\dfrac{x+2}{1+x+x^2}=1$

（2）$\lim\limits_{x\to+\infty}(\sqrt{x^2+1}-x)=\lim\limits_{x\to+\infty}\dfrac{(\sqrt{x^2+1}-x)(\sqrt{x^2+1}+x)}{\sqrt{x^2+1}+x}$

$=\lim\limits_{x\to+\infty}\dfrac{1}{\sqrt{x^2+1}+x}=0$

1.2.12　1^∞型未定式的计算方法

【解题方法】

（1）对于 $y=f(x)^{g(x)}$，若 $\lim f(x)=1$，$\lim g(x)=\infty$，则属于 1^∞ 型的极限问题.

（2）可用下面的方法求解：

$$\lim f(x)^{g(x)}=\lim[1+(f(x)-1)]^{g(x)}$$
$$=\lim[1+(f(x)-1)]^{\frac{1}{f(x)-1}(f(x)-1)g(x)}=e^{\lim(f(x)-1)g(x)}=e^A.$$

$$\lim[1+(f(x)-1)]^{\frac{1}{f(x)-1}}=e,\ \lim(f(x)-1)g(x)=A.$$

（3）上面的方法只适用于求解 1^∞ 型的极限问题，对于 0^0，∞^0型不能使用.

【例 1-17】求下列函数的极限.

（1）$\lim\limits_{x\to0}(1-x)^{\frac{3}{x}}$　　（2）$\lim\limits_{x\to\infty}\left(\dfrac{x}{x-1}\right)^{2x}$

（3）$\lim\limits_{x\to0}(1+\sin x)^{\frac{1}{x}}$　　（4）$\lim\limits_{x\to\infty}\left(\dfrac{x-a}{x+a}\right)^{-x}$

解：（1）$\lim\limits_{x\to0}(1-x)^{\frac{3}{x}}=\lim\limits_{x\to0}(1-x)^{\frac{1}{-x}(-3)}=e^{-3}$

（2）$\lim\limits_{x\to\infty}\left(\dfrac{x}{x-1}\right)^{2x}=\lim\limits_{x\to\infty}\left(1+\dfrac{1}{x-1}\right)^{(x-1)\frac{2x}{x-1}}=e^{\lim\limits_{x\to\infty}\frac{2x}{x-1}}=e^2$

（3）$\lim\limits_{x\to0}(1+\sin x)^{\frac{1}{x}}=\lim\limits_{x\to0}(1+\sin x)^{\frac{1}{\sin x}\cdot\frac{\sin x}{x}}=e^{\lim\limits_{x\to0}\frac{\sin x}{x}}=e$

（4）$\lim\limits_{x\to\infty}\left(\dfrac{x-a}{x+a}\right)^{-x}=\lim\limits_{x\to\infty}\left(1+\dfrac{-2a}{x+a}\right)^{\frac{x+a}{-2a}\cdot\frac{2ax}{x+a}}=e^{\lim\limits_{x\to\infty}\frac{2ax}{x+a}}=e^{2a}$

1.2.13　$0\cdot\infty$型未定式的计算方法

【解题方法】

（1）把 $0\cdot\infty$ 型转化为$\dfrac{0}{\frac{1}{\infty}}=\dfrac{0}{0}$型或$\dfrac{\infty}{\frac{1}{0}}=\dfrac{\infty}{\infty}$型.

（2）利用求$\dfrac{0}{0}$型或$\dfrac{\infty}{\infty}$型不定式的方法计算.

【例 1-18】求下列函数的极限.

（1）$\lim\limits_{x\to\frac{\pi}{2}}\left(x-\dfrac{\pi}{2}\right)\tan x$　　（2）$\lim\limits_{x\to\infty}x\ln\dfrac{x+1}{x}$

解：（1）$\lim\limits_{x\to\frac{\pi}{2}}\left(x-\dfrac{\pi}{2}\right)\tan x=\lim\limits_{x\to\frac{\pi}{2}}\dfrac{x-\frac{\pi}{2}}{\cos x}\sin x=\lim\limits_{x\to\frac{\pi}{2}}\dfrac{x-\frac{\pi}{2}}{-\sin\left(x-\frac{\pi}{2}\right)}\sin x=-1$

（2）$\lim\limits_{x\to\infty}x\ln\dfrac{x+1}{x}=\lim\limits_{x\to\infty}x\ln\left(1+\dfrac{1}{x}\right)=\lim\limits_{x\to\infty}\ln\left(1+\dfrac{1}{x}\right)^x=\ln e=1$

1.2.14　无穷小乘有界变量的极限

【解题方法】

（1）先判断无穷小及有界变量.

（2）利用无穷小乘有界变量是无穷小的性质，得原极限等于零.

【例 1-19】 求下列函数的极限.

（1）$\lim\limits_{x\to\pi}(x-\pi)\cos\dfrac{1}{x-\pi}$　　（2）$\lim\limits_{x\to\infty}\dfrac{\sqrt[3]{x^2}\sin x}{x+1}$

解：（1）由 $\lim\limits_{x\to\pi}(x-\pi)=0$，$\left|\cos\dfrac{1}{x-\pi}\right|\leqslant 1$

得
$$\lim_{x\to\pi}(x-\pi)\cos\frac{1}{x-\pi}=0$$

（2）由 $\lim\limits_{x\to\infty}\dfrac{\sqrt[3]{x^2}}{x+1}=0$，$|\sin x|\leqslant 1$

得
$$\lim_{x\to\infty}\frac{\sqrt[3]{x^2}\sin x}{x+1}=0$$

【常用求函数极限的方法】

（1）分子、分母都趋于零，因式分解或有理化，约去零因子，适用 $\dfrac{0}{0}$ 型.

（2）分子、分母都趋于无穷大，同除以适当的无穷大，适用 $\dfrac{\infty}{\infty}$ 型.

（3）分子、分母含根式，有理化约去零因子，适用 $\dfrac{0}{0}$ 型或 $\dfrac{\infty}{\infty}$ 型.

（4）两个分式的差，要先通分再化简，适用 $\infty-\infty$ 型.

（5）利用两个重要极限，$\lim\limits_{u\to 0}\dfrac{\sin u}{u}=1$，$\lim\limits_{u\to\infty}\left(1+\dfrac{1}{u}\right)^u=\mathrm{e}$，$\lim\limits_{u\to 0}(1+u)^{\frac{1}{u}}=\mathrm{e}$.

（6）等价无穷小代换，只适用商和乘积的情形.

（7）利用无穷小的性质，有界变量乘无穷小是无穷小.

（8）利用左、右极限，适用分段函数在分段点处的极限.

（9）洛必达法则，$\lim\dfrac{f(x)}{g(x)}=\lim\dfrac{f'(x)}{g'(x)}=\lim\dfrac{f''(x)}{g''(x)}=\cdots$，适用 $\dfrac{0}{0}$，$\dfrac{\infty}{\infty}$，$0\cdot\infty$，1^∞，0^0，∞^0，$\infty-\infty$ 型.

1.2.15　分段函数在分段点处的极限

【解题方法】

（1）先求出分段点的左、右极限 $\lim\limits_{x\to x_0^-}f(x)=A$，$\lim\limits_{x\to x_0^+}f(x)=A$.

（2）再根据 $\lim\limits_{x\to x_0^+}f(x)=\lim\limits_{x\to x_0^-}f(x)=A\Leftrightarrow\lim\limits_{x\to x_0}f(x)=A$，确定 $f(x)$ 在 x_0 点的极限.

【例 1-20】 求下列函数在分段点处的极限.

(1) $f(x)=\begin{cases}\dfrac{\tan 3x}{x}, & x<0\\ 3\cos x, & x>0\end{cases}$

(2) $f(x)=\begin{cases}(x-1)\sin\dfrac{1}{x-1}, & x>1\\ x^2, & x<1\end{cases}$

解：(1) $\lim\limits_{x\to0^-}f(x)=\lim\limits_{x\to0^-}\dfrac{\tan 3x}{x}=\lim\limits_{x\to0^-}\dfrac{3x}{x}=3$

$\lim\limits_{x\to0^+}f(x)=\lim\limits_{x\to0^+}(3\cos x)=3$

$\lim\limits_{x\to0}f(x)=3$

(2) $\lim\limits_{x\to1^-}f(x)=\lim\limits_{x\to1^-}x^2=1$

$\lim\limits_{x\to1^+}f(x)=\lim\limits_{x\to1^+}(x-1)\sin\dfrac{1}{x-1}=0$

因此 $\lim\limits_{x\to1}f(x)$不存在.

1.2.16 求函数极限的逆问题

【解题方法】

已知函数的极限，反求函数表达式中的参数，这类问题称为极限问题的逆问题. 逆问题的求解要用极限的概念及相应的定理和运算法则.

【例 1-21】设$f(x)=\begin{cases}e^x+1, & x>0\\ 2x+b, & x\leqslant0\end{cases}$，要使极限$\lim\limits_{x\to0}f(x)$存在，$b$应取何值?

解：$\lim\limits_{x\to0^+}f(x)=\lim\limits_{x\to0^+}(e^x+1)=2$

$\lim\limits_{x\to0^-}f(x)=\lim\limits_{x\to0^-}(2x+b)=b$

由 $\lim\limits_{x\to0^+}f(x)=\lim\limits_{x\to0^-}f(x)$，得 $b=2$.

【例 1-22】设$\lim\limits_{x\to\infty}\left(\dfrac{x^2+1}{x+1}-x+b\right)=0$，求 b 的值.

解：$\lim\limits_{x\to\infty}\left(\dfrac{x^2+1}{x+1}-x+b\right)=\lim\limits_{x\to\infty}\left(x-1+\dfrac{2}{x+1}-x+b\right)=b-1=0$，得 $b=1$.

【例 1-23】设$\lim\limits_{x\to\infty}\left(\dfrac{x^2}{1+x}-ax-b\right)=0$，求 a，b 的值.

解：$\lim\limits_{x\to\infty}\left(\dfrac{x^2}{1+x}-ax-b\right)=\lim\limits_{x\to\infty}\left(x-1+\dfrac{1}{x+1}-ax-b\right)$

$=\lim\limits_{x\to\infty}[(1-a)x-(b+1)]=0$

由 $1-a=0$，$b+1=0$，得 $a=1$，$b=-1$.

【例 1-24】设$\lim\limits_{x\to1}\dfrac{x^2+ax+b}{1-x}=1$，求 a，b 的值.

解：设 $x^2+ax+b=(1-x)(k-x)$

由$\lim\limits_{x\to1}\dfrac{(1-x)(k-x)}{1-x}=1$，得 $k-1=1$，$k=2$，代入有 $x^2+ax+b=x^2-3x+2$，因此

$a=-3$，$b=2$.

1.2.17　无穷小的比较

【解题方法】

比较同一变化过程中的两个无穷小，就是求两个无穷小之比的极限，即$\frac{0}{0}$型未定式的极限问题，可用下面的方法：

（1）因式分解或有理化，约去零因子.

（2）利用重要极限$\lim\limits_{u\to 0}\frac{\sin u}{u}=1$.

（3）利用等价无穷小替换.

（4）零是无穷小且零是最高阶无穷小.

（5）利用洛必达法则：$\lim\frac{f(x)}{g(x)}=\lim\frac{f'(x)}{g'(x)}=\lim\frac{f''(x)}{g''(x)}=\cdots$.

【例 1-25】 已知当 $x\to 0$ 时，$1-\cos ax$ 与 $\sin^2 x$ 是等价无穷小，求 a 的值.

解： 由$\lim\limits_{x\to 0}\frac{1-\cos ax}{\sin^2 x}=\lim\limits_{x\to 0}\frac{\frac{1}{2}(ax)^2}{x^2}=\frac{a^2}{2}=1$，得 $a=\pm\sqrt{2}$.

【例 1-26】 已知当 $x\to\infty$ 时，函数 $f(x)$ 与$\frac{1}{x}$是等价无穷小，求$\lim\limits_{x\to\infty}2xf(x)$.

解： $\lim\limits_{x\to\infty}2xf(x)=2\lim\limits_{x\to\infty}xf(x)=2\lim\limits_{x\to\infty}\frac{f(x)}{\frac{1}{x}}=2$

【例 1-27】 设 $\lim\limits_{x\to 0}\frac{\ln\left(1+\frac{f(x)}{\sin x}\right)}{a^x-1}=1$，求 $\lim\limits_{x\to 0}\frac{f(x)}{x^2}$.

解： 由 $\lim\limits_{x\to 0}\frac{\ln\left(1+\frac{f(x)}{\sin x}\right)}{a^x-1}=\lim\limits_{x\to 0}\frac{\frac{f(x)}{\sin x}}{x\ln a}=\lim\limits_{x\to 0}\frac{f(x)}{x\ln a\sin x}=\lim\limits_{x\to 0}\frac{f(x)}{x^2\ln a}=1$，因此 $\lim\limits_{x\to 0}\frac{f(x)}{x^2}=\ln a$.

1.2.18　函数连续性的讨论

【解题方法】

（1）由基本初等函数在定义域内连续及一切初等函数在其定义区间内连续可知，分段函数的连续性，只要讨论函数在分段点处的连续性即可.

（2）利用函数在点 x_0处连续的充要条件$\lim\limits_{x\to x_0^+}f(x)=\lim\limits_{x\to x_0^-}f(x)=f(x_0)$，讨论分段函数在分段点处的连续性.

【例 1-28】 设 $f(x)=\begin{cases}\cos x, & x\leqslant 0\\ \frac{\sin x}{x}, & x>0\end{cases}$，$f(x)$ 在 $x=0$ 处是否连续？

解： 由 $\lim\limits_{x\to 0^-}f(x)=\lim\limits_{x\to 0^-}\cos x=1$，$\lim\limits_{x\to 0^+}f(x)=\lim\limits_{x\to 0^+}\frac{\sin x}{x}=1$，$f(0)=1$，

$\lim\limits_{x\to0^-}f(x)=\lim\limits_{x\to0^+}f(x)=f(0)=1$，因此$f(x)$在点$x=0$处连续.

【例 1-29】设函数 $f(x)=\begin{cases}\dfrac{1}{x^2}, & -1\leqslant x<1,\ x\neq0\\ x, & |x|>1\end{cases}$，讨论$x$在$-1$，0，1处函数的连续性.

解：当$x=0$或$x=1$时，$f(x)$无定义，$f(x)$在$x=0$或$x=1$处不连续.

当$x=-1$时，$f(x)$有定义，$f(-1)=1$，

$\lim\limits_{x\to-1^-}f(x)=\lim\limits_{x\to-1^-}x=-1$，$\lim\limits_{x\to-1^+}f(x)=\lim\limits_{x\to-1^+}\dfrac{1}{x^2}=1$，

$\lim\limits_{x\to-1^+}f(x)\neq\lim\limits_{x\to-1^-}f(x)$，$f(x)$在$x=-1$处不连续.

1.2.19 分段函数中参数的确定

【解题方法】

已知分段函数在分段点处连续，求函数关系式中的参数a，b，利用下面的关系：

(1) $\lim\limits_{x\to x_0^+}f(x)=f(x_0)$，$\lim\limits_{x\to x_0^-}f(x)=f(x_0)$

(2) $\lim\limits_{x\to x_0^-}f(x)=\lim\limits_{x\to x_0^+}f(x)$

建立方程组，可求出函数中的参数a，b.

【例 1-30】已知$f(x)=\begin{cases}\dfrac{1}{x}\sin x+a, & x<0\\ b, & x=0\\ x\sin\dfrac{1}{x}, & x>0\end{cases}$，当$a$，$b$取何值时，$f(x)$在$x=0$处连续.

解：由 $\lim\limits_{x\to0^-}f(x)=\lim\limits_{x\to0^-}\left(\dfrac{1}{x}\sin x+a\right)=1+a$

$\lim\limits_{x\to0^+}f(x)=\lim\limits_{x\to0^+}x\sin\dfrac{1}{x}=0$

$f(x)$在$x=0$处连续，有$\lim\limits_{x\to0^-}f(x)=\lim\limits_{x\to0^+}f(x)=f(0)$，由$1+a=0$，得$a=-1$，$b=0$.

【例 1-31】试确定a，b，使函数$f(x)=\begin{cases}x+2, & x\leqslant0\\ x^2+a, & 0<x<1\\ bx, & x\geqslant1\end{cases}$，在$(-\infty,+\infty)$内连续.

解：由于初等函数在其定义区间内连续，因此$f(x)=x+2$在$(-\infty,0)$内连续；

$f(x)=x^2+a$在$(0,1)$内连续；$f(x)=bx$在$(1,+\infty)$内连续.

在分段点$x=0$，1处，

由 $\lim\limits_{x\to0^-}f(x)=\lim\limits_{x\to0^-}(x+2)=2$

$\lim\limits_{x\to0^+}f(x)=\lim\limits_{x\to0^+}(x^2+a)=a$

$\lim\limits_{x\to1^-}f(x)=\lim\limits_{x\to1^-}(x^2+a)=1+a$，$\lim\limits_{x\to1^+}f(x)=\lim\limits_{x\to1^+}bx=b$，

得 $1+a=b$，$a=2$，$b=3$.

因此 当$a=2$，$b=3$时，函数$f(x)$在$(-\infty,+\infty)$内连续.

1.3　习题1解析

【例1-32】判断函数$f(x)=\ln(x+\sqrt{1+x^2})$的奇偶性.

解：$f(-x)=\ln(-x+\sqrt{1+(-x)^2})=\ln(\sqrt{1+x^2}-x)$

$$=\ln\frac{(\sqrt{1+x^2}-x)(\sqrt{1+x^2}+x)}{\sqrt{1+x^2}+x}=\ln\frac{1}{\sqrt{1+x^2}+x}$$

$$=-\ln(\sqrt{1+x^2}+x)=-f(x)$$

所以$f(x)=\ln(x+\sqrt{1+x^2})$是奇函数.

【例1-33】求函数$y=\log_4 2+\log_4\sqrt{x}$的反函数.

解：$y=\log_4 2+\log_4\sqrt{x}=\log_4 2\sqrt{x}$，$4^y=2\sqrt{x}$，$x=\frac{1}{4}\cdot 4^{2y}=4^{2y-1}$，反函数为$y=4^{2x-1}$.

【例1-34】设$f(x)$的定义域是$[0,1]$，求$f(\sin x)$的定义域.

解：由题意知$0\leqslant\sin x\leqslant 1$，得$2k\pi\leqslant x\leqslant(2k+1)\pi$，$f(\sin x)$的定义域是$[2k\pi,(2k+1)\pi]$，$(k=0,\ \pm1,\ \cdots)$.

【例1-35】求下列函数的极限.

（1）$\lim\limits_{x\to1}\frac{\sqrt[3]{x}-1}{\sqrt{x}-1}$　　（2）$\lim\limits_{x\to\infty}\left(\frac{x}{x-1}-\frac{1}{x^2-1}\right)$

（3）$\lim\limits_{n\to\infty}\frac{2^{n+1}-3^n}{2^n+3^{n+1}}$　　（4）$\lim\limits_{n\to\infty}\left(1+\frac{1}{2}+\frac{1}{4}+\frac{1}{8}+\cdots+\frac{1}{2^n}\right)$

解：（1）$\lim\limits_{x\to1}\frac{\sqrt[3]{x}-1}{\sqrt{x}-1}=\lim\limits_{x\to1}\frac{(\sqrt[3]{x}-1)(\sqrt[3]{x^2}+\sqrt[3]{x}+1)(\sqrt{x}+1)}{(\sqrt{x}-1)(\sqrt{x}+1)(\sqrt[3]{x^2}+\sqrt[3]{x}+1)}$

$$=\lim_{x\to1}\frac{(x-1)(\sqrt{x}+1)}{(x-1)(\sqrt[3]{x^2}+\sqrt[3]{x}+1)}=\frac{2}{3}$$

（2）$\lim\limits_{x\to\infty}\left(\frac{x}{x-1}-\frac{1}{x^2-1}\right)=\lim\limits_{x\to\infty}\frac{x(x+1)-1}{x^2-1}=1$

（3）$\lim\limits_{n\to\infty}\frac{2^{n+1}-3^n}{2^n+3^{n+1}}=\lim\limits_{n\to\infty}\frac{\frac{2^{n+1}}{3^{n+1}}-\frac{3^n}{3^{n+1}}}{\frac{2^n}{3^{n+1}}+1}=\lim\limits_{n\to\infty}\frac{\left(\frac{2}{3}\right)^{n+1}-\frac{1}{3}}{\left(\frac{2}{3}\right)^n\cdot\frac{1}{3}+1}=-\frac{1}{3}$

（4）$\lim\limits_{n\to\infty}\left(1+\frac{1}{2}+\frac{1}{4}+\frac{1}{8}+\cdots+\frac{1}{2^n}\right)=1+\lim\limits_{n\to\infty}\frac{\frac{1}{2}\left(1-\frac{1}{2^n}\right)}{1-\frac{1}{2}}$

$$=1+\lim_{n\to\infty}\left(1-\frac{1}{2^n}\right)=2$$

【例1-36】设$\lim\limits_{x\to\infty}\left(\frac{x^2+1}{x+1}-ax-b\right)=0$，求$a$，$b$的值.

解：$\lim\limits_{x\to\infty}\left(\dfrac{x^2+1}{x+1}-ax-b\right)=\lim\limits_{x\to\infty}\dfrac{x^2+1-(ax+b)(1+x)}{x+1}$

$=\lim\limits_{x\to\infty}\dfrac{(1-a)x^2+(-a-b)x+1-b}{x+1}$

得 $1-a=0,\ -a-b=0.$

即 $a=1,\ b=-1.$

另法：$\lim\limits_{x\to\infty}\left(\dfrac{x^2+1}{x+1}-ax-b\right)=\lim\limits_{x\to\infty}\left(x-1+\dfrac{2}{x+1}-ax-b\right)=0$

由 $1-a=0,\ 1+b=0$

得 $a=1,\ b=-1.$

【例 1-37】 已知 $\lim\limits_{x\to 1}\dfrac{x^2+ax+b}{1-x}=1$，试求 a，b 的值.

解：$\lim\limits_{x\to 1}\dfrac{x^2+ax+b}{1-x}=\lim\limits_{x\to 1}\dfrac{(1-x)(c-x)}{1-x}=1$

得 $c-1=1,\ c=2,\ x^2+ax+b=x^2-3x+2,\ a=-3,\ b=2.$

【例 1-38】 设 $\lim\limits_{x\to+\infty}(\sqrt{3x^2+4x+1}-ax-b)=0$，求 a，b 的值.

解：$\lim\limits_{x\to+\infty}(\sqrt{3x^2+4x+1}-ax-b)=\lim\limits_{x\to+\infty}x\left(\dfrac{\sqrt{3x^2+4x+1}}{x}-a-\dfrac{b}{x}\right)=0$

得 $\lim\limits_{x\to+\infty}\dfrac{\sqrt{3x^2+4x+1}}{x}=a,\ a=\sqrt{3}$

$b=\lim\limits_{x\to+\infty}(\sqrt{3x^2+4x+1}-\sqrt{3}x)=\lim\limits_{x\to+\infty}\dfrac{4x+1}{\sqrt{3x^2+4x+1}+\sqrt{3}x}=\dfrac{2}{\sqrt{3}}$

因此 $a=\sqrt{3},\ b=\dfrac{2}{\sqrt{3}}.$

【例 1-39】 求下列函数的极限.

（1）$\lim\limits_{x\to 0}\dfrac{1-\cos x}{x\tan x}$　　（2）$\lim\limits_{x\to\frac{\pi}{2}}\dfrac{\cos x}{\frac{\pi}{2}-x}$

（3）$\lim\limits_{x\to 1}(x-1)\tan\dfrac{\pi x}{2}$　　（4）$\lim\limits_{x\to 0}\dfrac{\arctan x}{x}$

解：（1）$\lim\limits_{x\to 0}\dfrac{1-\cos x}{x\tan x}=\lim\limits_{x\to 0}\dfrac{\frac{1}{2}x^2}{x^2}=\dfrac{1}{2}$

（2）$\lim\limits_{x\to\frac{\pi}{2}}\dfrac{\cos x}{\frac{\pi}{2}-x}=\lim\limits_{x\to\frac{\pi}{2}}\dfrac{\sin\left(\frac{\pi}{2}-x\right)}{\frac{\pi}{2}-x}=1$

（3）$\lim\limits_{x\to 1}(x-1)\tan\dfrac{\pi x}{2}=\lim\limits_{x\to 1}\dfrac{\frac{\pi}{2}(x-1)}{\tan\frac{\pi}{2}(1-x)}\cdot\dfrac{2}{\pi}=-\dfrac{2}{\pi}$

（4）令 $\arctan x=t$，$x=\tan t$，$\lim\limits_{x\to 0}\dfrac{\arctan x}{x}=\lim\limits_{t\to 0}\dfrac{t}{\tan t}=1$

另法：$\lim\limits_{x\to0}\dfrac{\arctan x}{x}=\lim\limits_{x\to0}\dfrac{x}{x}=1$

【**例1-40**】求下列函数的极限.

（1）$\lim\limits_{x\to\infty}\left(\dfrac{x-1}{1+x}\right)^{2x}$　　（2）$\lim\limits_{n\to\infty}\dfrac{(n+1)^{n+1}}{n^n}\sin\dfrac{1}{n}$

（3）$\lim\limits_{x\to0}(1+3\tan x)^{\cot x}$　　（4）$\lim\limits_{x\to\infty}\left(\sin\dfrac{1}{x}+\cos\dfrac{1}{x}\right)^x$

解：（1）$\lim\limits_{x\to\infty}\left(\dfrac{x-1}{1+x}\right)^{2x}=\lim\limits_{x\to\infty}\left(\dfrac{x+1-2}{1+x}\right)^{2x}=\lim\limits_{x\to\infty}\left(1+\dfrac{-2}{1+x}\right)^{\frac{1+x}{-2}\cdot\frac{-4x}{1+x}}=e^{\lim\limits_{x\to\infty}\frac{-4x}{1+x}}=e^{-4}$

（2）$\lim\limits_{n\to\infty}\dfrac{(n+1)^{n+1}}{n^n}\sin\dfrac{1}{n}=\lim\limits_{n\to\infty}\dfrac{(n+1)^{n+1}}{n^{n+1}}\cdot\dfrac{\sin\frac{1}{n}}{\frac{1}{n}}=\lim\limits_{n\to\infty}\left(1+\dfrac{1}{n}\right)^{n+1}\cdot\dfrac{\sin\frac{1}{n}}{\frac{1}{n}}=e$

（3）$\lim\limits_{x\to0}\ (1+3\tan x)^{\cot x}=\lim\limits_{x\to0}\ (1+3\tan x)^{\frac{1}{3\tan x}\cdot3}=e^3$

（4）$\lim\limits_{x\to\infty}\left(\sin\dfrac{1}{x}+\cos\dfrac{1}{x}\right)^x=\lim\limits_{x\to\infty}\left(\sin\dfrac{1}{x}+\cos\dfrac{1}{x}\right)^{2\cdot\frac{x}{2}}=\lim\limits_{x\to\infty}\left(1+\sin\dfrac{2}{x}\right)^{\frac{x}{2}}$

$$=\lim_{x\to\infty}\left(1+\sin\frac{2}{x}\right)^{\frac{1}{\sin\frac{2}{x}}\cdot\frac{\sin\frac{2}{x}}{\frac{2}{x}}}=e^{\lim\limits_{x\to\infty}\frac{\sin\frac{2}{x}}{\frac{2}{x}}}=e$$

【**例1-41**】当$x\to0$时，ax^b与$\tan x-\sin x$是等价无穷小，求a，b的值.

解：$\lim\limits_{x\to0}\dfrac{ax^b}{\tan x-\sin x}=\lim\limits_{x\to0}\dfrac{ax^b}{\tan x(1-\cos x)}=\lim\limits_{x\to0}\dfrac{ax^b}{x\cdot x^2\cdot\frac{1}{2}}=\lim\limits_{x\to0}\dfrac{2ax^b}{x^3}=1$

得　$a=\dfrac{1}{2}$，$b=3$.

【**例1-42**】设函数$f(x)=\begin{cases}\dfrac{\sin3x}{\sqrt{1-\cos bx}}, & x<0\\ \dfrac{3}{x}\ln\left(\dfrac{1}{1+2x}\right), & x>0\end{cases}$，要使极限$\lim\limits_{x\to0}f(x)$存在，$b$应取何值?

解：$\lim\limits_{x\to0^-}\dfrac{\sin3x}{\sqrt{1-\cos bx}}=\lim\limits_{x\to0^-}\dfrac{3x}{\sqrt{\frac{1}{2}b^2x^2}}=\lim\limits_{x\to0^-}\dfrac{3x}{\frac{1}{\sqrt2}|b|(-x)}=\dfrac{3\sqrt2}{-|b|}$

$$\lim_{x\to0^+}\frac{3}{x}\ln\frac{1}{1+2x}=\lim_{x\to0^+}\frac{-3}{x}\ln(1+2x)=\lim_{x\to0^+}\frac{-3}{x}\cdot2x=-6$$

得　$\dfrac{3\sqrt2}{-|b|}=-6$，

因此　$|b|=\dfrac{\sqrt2}{2}$，$b=\pm\dfrac{\sqrt2}{2}$.

【**例1-43**】用等价无穷小的性质，求下列函数的极限.

（1）$\lim\limits_{x\to\infty}x^2\left(1-\cos\dfrac{1}{x}\right)$　　（2）$\lim\limits_{x\to e}\dfrac{\ln x-1}{x-e}$

(3) $\lim\limits_{x\to a}\dfrac{e^x-e^a}{x-a}$　　　　(4) $\lim\limits_{x\to 0}\dfrac{\ln\sqrt{1+x}+2\sin x}{\tan x}$

解：(1) $\lim\limits_{x\to\infty}x^2\left(1-\cos\dfrac{1}{x}\right)=\lim\limits_{x\to\infty}x^2\cdot\dfrac{1}{2}\cdot\dfrac{1}{x^2}=\dfrac{1}{2}$

(2) $\lim\limits_{x\to e}\dfrac{\ln x-1}{x-e}=\lim\limits_{x\to e}\dfrac{\ln x-\ln e}{x-e}=\lim\limits_{x\to e}\dfrac{\ln\left(1+\dfrac{x}{e}-1\right)}{x-e}=\lim\limits_{x\to e}\dfrac{\dfrac{x-e}{e}}{x-e}=\dfrac{1}{e}$

(3) $\lim\limits_{x\to a}\dfrac{e^x-e^a}{x-a}=\lim\limits_{x\to a}\dfrac{e^a(e^{x-a}-1)}{x-a}=\lim\limits_{x\to a}\dfrac{e^a(x-a)}{x-a}=e^a$

(4) $\lim\limits_{x\to 0}\dfrac{\ln\sqrt{1+x}+2\sin x}{\tan x}=\lim\limits_{x\to 0}\left[\dfrac{\ln(1+x)}{2\tan x}+\dfrac{2\sin x}{\tan x}\right]$

$$=\lim_{x\to 0}\frac{x}{2x}+\lim_{x\to 0}\frac{2x}{x}=\frac{5}{2}$$

【例 1-44】确定 a，b 的值，使函数 $f(x)=\begin{cases}\dfrac{a(\tan x-\sin x)}{x^3}, & x<0\\ -1, & x=0\\ \dfrac{\ln[1+(a+b)x]}{x}, & x>0\end{cases}$，在点 $x=0$ 处连续.

解：$\lim\limits_{x\to 0^-}f(x)=\lim\limits_{x\to 0^-}\dfrac{a(\tan x-\sin x)}{x^3}=\lim\limits_{x\to 0^-}\dfrac{a\tan x(1-\cos x)}{x^3}$

$$=\lim_{x\to 0^-}\frac{a\cdot x\cdot\dfrac{x^2}{2}}{x^3}=\frac{a}{2}$$

$$\lim_{x\to 0^+}f(x)=\lim_{x\to 0^+}\frac{\ln[1+(a+b)x]}{x}=\lim_{x\to 0^+}\frac{(a+b)x}{x}=a+b$$

由 $\dfrac{a}{2}=-1$，$a+b=-1$，得 $a=-2$，$b=1$.

【例 1-45】求函数 $f(x)=\begin{cases}\dfrac{\cos x}{x+2}, & x\geqslant 0\\ \dfrac{\sqrt{2}-\sqrt{2-x}}{x}, & x<0\end{cases}$ 的连续区间.

解：$\lim\limits_{x\to 0^+}f(x)=\lim\limits_{x\to 0^+}\dfrac{\cos x}{x+2}=\dfrac{1}{2}$

$$\lim_{x\to 0^-}f(x)=\lim_{x\to 0^-}\frac{\sqrt{2}-\sqrt{2-x}}{x}=\lim_{x\to 0^-}\frac{(\sqrt{2}-\sqrt{2-x})(\sqrt{2}+\sqrt{2-x})}{x(\sqrt{2}+\sqrt{2-x})}$$

$$=\lim_{x\to 0^-}\frac{1}{\sqrt{2}+\sqrt{2-x}}=\frac{1}{2\sqrt{2}}$$

$\lim\limits_{x\to 0}f(x)$ 不存在，因此 $f(x)$ 的连续区间是 $(-\infty,0)\cup(0,+\infty)$.

【例 1-46】证明方程 $x=a\sin x+b$，($a>0$，$b>0$) 至少有一个根，且它不大于 $a+b$.

证明：设 $f(x)=a\sin x+b-x$，$f(0)=b>0$，则

$$f(a+b)=a\sin(a+b)-a=a[\sin(a+b)-1]\leqslant 0$$

当 $\sin(a+b)=1$ 时，$a+b$ 是方程的根，

当 $|\sin(a+b)|<1$ 时，至少存在一个 $\xi\in(0,a+b)$，使得 $f(\xi)=0$，

因此，方程 $x=a\sin x+b$ 至少有一个不大于 $a+b$ 的根.

1.4　复习题 1 解析

【例 1-47】 求下列函数的极限.

（1）$\lim\limits_{x\to a}\left(\dfrac{\sin x}{\sin a}\right)^{\frac{1}{x-a}}$　　（2）$\lim\limits_{n\to\infty}\left(\dfrac{\sqrt[n]{a}+\sqrt[n]{b}}{2}\right)^{n}$　$(a,\ b>0)$

（3）$\lim\limits_{x\to 0}\left(\dfrac{a_1^x+a_2^x+\cdots+a_n^x}{n}\right)^{\frac{1}{x}}$　　（4）$\lim\limits_{x\to+\infty}(\cos\sqrt{x+1}-\cos\sqrt{x})$

解：（1）$\lim\limits_{x\to a}\left(\dfrac{\sin x}{\sin a}\right)^{\frac{1}{x-a}}=\lim\limits_{x\to a}\left(1+\dfrac{\sin x-\sin a}{\sin a}\right)^{\frac{1}{x-a}}$

$$=\lim_{x\to a}\left(1+\frac{\sin x-\sin a}{\sin a}\right)^{\frac{\sin a}{\sin x-\sin a}\cdot\frac{\sin x-\sin a}{(x-a)\sin a}}$$

$$=e^{\lim\limits_{x\to a}\frac{2\cos\frac{x+a}{2}\cdot\sin\frac{x-a}{2}}{(x-a)\sin a}}=e^{\cot a}$$

（2）$\lim\limits_{n\to\infty}\left(\dfrac{\sqrt[n]{a}+\sqrt[n]{b}}{2}\right)^{n}=\lim\limits_{n\to\infty}\left(1+\dfrac{\sqrt[n]{a}+\sqrt[n]{b}-2}{2}\right)^{\frac{2}{\sqrt[n]{a}+\sqrt[n]{b}-2}\cdot\frac{\sqrt[n]{a}+\sqrt[n]{b}-2}{2}\cdot n}$

$$=e^{\lim\limits_{n\to\infty}(\sqrt[n]{a}-1+\sqrt[n]{b}-1)\frac{n}{2}}=e^{\frac{1}{2}(\ln a+\ln b)}=\sqrt{ab}\quad(a,\ b>0)$$

（3）$\lim\limits_{x\to 0}\left(\dfrac{a_1^x+a_2^x+\cdots+a_n^x}{n}\right)^{\frac{1}{x}}$

$$=\lim_{x\to 0}\left(1+\frac{a_1^x+a_2^x+\cdots+a_n^x-n}{n}\right)^{\frac{n}{a_1^x+a_2^x+\cdots+a_n^x-n}\cdot\frac{a_1^x+a_2^x+\cdots+a_n^x-n}{n}\cdot\frac{1}{x}}$$

$$=e^{\lim\limits_{x\to 0}\frac{a_1^x-1+a_2^x-1+\cdots+a_n^x-1}{x}\cdot\frac{1}{n}}=e^{\frac{1}{n}\ln a_1\cdot a_2\cdots a_n}=\sqrt[n]{a_1\cdot a_2\cdots a_n}$$

（4）$\lim\limits_{x\to+\infty}(\cos\sqrt{x+1}-\cos\sqrt{x})$

$$=\lim_{x\to+\infty}(-2)\sin\frac{\sqrt{x+1}+\sqrt{x}}{2}\sin\frac{\sqrt{x+1}-\sqrt{x}}{2}$$

$$=\lim_{x\to+\infty}(-2)\sin\frac{\sqrt{x+1}+\sqrt{x}}{2}\sin\frac{(\sqrt{x+1}-\sqrt{x})(\sqrt{x+1}+\sqrt{x})}{2(\sqrt{x+1}+\sqrt{x})}$$

$$=\lim_{x\to+\infty}(-2)\sin\frac{\sqrt{x+1}+\sqrt{x}}{2}\sin\frac{1}{2(\sqrt{x+1}+\sqrt{x})}=0$$

【例 1-48】 求证：$\lim\limits_{n\to\infty}\left(\dfrac{1}{\sqrt{n^2+1}}+\dfrac{1}{\sqrt{n^2+2}}+\cdots+\dfrac{1}{\sqrt{n^2+n}}\right)=1.$

证明： 由　$\dfrac{n}{\sqrt{n^2+n}}<\dfrac{1}{\sqrt{n^2+1}}+\dfrac{1}{\sqrt{n^2+2}}+\cdots+\dfrac{1}{\sqrt{n^2+n}}<\dfrac{n}{\sqrt{n^2+1}}$

且 $\lim\limits_{n\to\infty}\frac{n}{\sqrt{n^2+1}}=1$，$\lim\limits_{n\to\infty}\frac{n}{\sqrt{n^2+n}}=1$

因此 $\lim\limits_{n\to\infty}\left(\frac{1}{\sqrt{n^2+1}}+\frac{1}{\sqrt{n^2+2}}+\cdots+\frac{1}{\sqrt{n^2+n}}\right)=1$

【例 1-49】 已知 $\lim\limits_{x\to 0}\frac{\sqrt{1+\frac{1}{x^2}f(x)}-1}{\arctan x^2}=c\neq 0$，当 $x\to 0$ 时，$f(x)\sim ax^b$，求 a，b 的值.

解： $\lim\limits_{x\to 0}\frac{\sqrt{1+\frac{1}{x^2}f(x)}-1}{\arctan x^2}=\lim\limits_{x\to 0}\frac{\frac{1}{2}\cdot\frac{1}{x^2}\cdot f(x)}{x^2}=\lim\limits_{x\to 0}\frac{\frac{1}{2}\cdot\frac{1}{x^2}\cdot ax^b}{x^2}$

$$=\lim_{x\to 0}\frac{ax^b}{2x^4}=c$$

得 $a=2c$，$b=4$.

【例 1-50】 已知 $\lim\limits_{n\to\infty}\frac{n^{1990}}{n^k-(n-1)^k}=A$，$(A\neq 0,\ \infty)$，求 k，A 的值.

解： 由 $\lim\limits_{n\to\infty}\frac{n^{1990}}{n^k-(n-1)^k}=\lim\limits_{n\to\infty}\frac{n^{1990}}{-n^k\left[\left(\frac{n-1}{n}\right)^k-1\right]}$

$$=\lim_{n\to\infty}\frac{n^{1990}}{-n^k\left[\left(1-\frac{1}{n}\right)^k-1\right]}=\lim_{n\to\infty}\frac{n^{1990}}{-n^k\cdot k\cdot\left(-\frac{1}{n}\right)}$$

$$=\lim_{n\to\infty}\frac{n^{1990}}{Kn^{k-1}}=A$$

得 $k-1=1990$，$\frac{1}{k}=A$，

因此 $k=1991$，$A=\frac{1}{1991}$.

【例 1-51】 设 $f(x)=\lim\limits_{n\to\infty}\frac{x^{2n-1}+ax^2+bx}{x^{2n}+1}$ 是连续函数，求 a，b.

解：

$$\lim_{n\to\infty}\frac{x^{2n-1}+ax^2+bx}{x^{2n}+1}=\begin{cases}ax^2+bx, & |x|<1\\ \frac{1}{x}, & |x|>1\\ \frac{1}{2}(a+b+1), & x=1\\ \frac{1}{2}(a-b-1), & x=-1\end{cases}$$

由 $\lim\limits_{x\to -1^+}f(x)=\lim\limits_{x\to -1^+}(ax^2+bx)=a-b$

$\lim\limits_{x\to -1^-}f(x)=\lim\limits_{x\to -1^-}\frac{1}{x}=-1$

$\lim\limits_{x\to 1^+}f(x)=\lim\limits_{x\to 1^+}\frac{1}{x}=1$

$$\lim_{x\to 1^-} f(x) = \lim_{x\to 1^-}(ax^2+bx) = a+b$$

得　$a-b=-1$，$a+b=1$，

因此　$a=0$，$b=1$.

练 习 题 1

1. 填空题.

（1）设$f(x)=\begin{cases}x, & x\leqslant 0\\ 0, & x>0\end{cases}$，则$f(-x)=$________.

（2）设$f(x)=\begin{cases}\sin x, & -2<x<0\\ 1+x^2, & 0\leqslant x<2\end{cases}$，则$f\left(\dfrac{\pi}{2}\right)=$________.

（3）已知$f(\sin x)=\cos 2x$，则$f(x)=$________.

（4）设$y=2\cos\dfrac{x}{2}-3\sin\dfrac{x}{3}$，则$y$的周期是________.

（5）设$f(x)=2^x$，$\varphi(x)=x^2$，则$f[\varphi(x)]=$________，$\varphi[f(x)]=$________.

（6）设$y=\arcsin au$（$a>0$），$u=2+x^2$构成复合函数，则a的取值范围是________.

（7）函数$f(x)=e^{\frac{1}{x}}$，当$x\to 0^-$时，$f(x)$是________，当$x\to 0^+$时，$f(x)$是________.

（8）若$\lim\limits_{x\to 0}\dfrac{\sin 3x}{kx}=5$，则$k=$________.

（9）若$\lim\limits_{x\to\infty}\left(1+\dfrac{5}{x}\right)^{-kx}=e^{10}$，则$k=$________.

（10）若$\lim\limits_{x\to 1}\dfrac{x^3+kx-2}{x-1}$为有限值，则$k=$________.

（11）若$\sin x^2\sim x^a$，则当$x\to 0$时，$a=$________.

（12）设$f(x)=\begin{cases}e^x, & x<0\\ k, & x=0\\ \dfrac{1}{x}\sin x, & x>0\end{cases}$，若$\lim\limits_{x\to 0}f(x)$存在，则$k=$________.

（13）当$x\to 0$时，$1-\cos x\sim ax^b$，则$a=$________，$b=$________.

（14）若$\lim\limits_{x\to 1}\dfrac{x^2+bx+6}{1-x}=5$，则$b=$________.

（15）设$\lim\limits_{x\to 0}\dfrac{f(2x)}{x}=\dfrac{2}{3}$，则$\lim\limits_{x\to 0}\dfrac{x}{f(3x)}=$________.

2. 单选题.

（1）函数$y=\ln(x-1)$有界的区间是（　　）.

A. $(1,+\infty)$　　B. $(2,+\infty)$　　C. $(1,2)$　　D. $(2,3)$

（2）函数$y=\dfrac{\sin x}{1+x^2}$是（　　）.

A. 偶函数　　B. 奇函数　　C. 单调函数　　D. 周期函数

(3) 曲线 $y=e^x$ 与 $x=\ln y$ 是（　　）.

A. 同一曲线　　B. 关于 x 轴对称　　C. 关于 y 轴对称　　D. 关于 $y=x$ 对称

(4) 函数 $f(x)$ 与 $g(x)$ 相同的是（　　）.

A. $f(x)=x-1$，$g(x)=\sqrt{(x-1)^2}$

B. $f(x)=\ln(x^2-1)$，$g(x)=\ln(x-1)+\ln(x+1)$

C. $f(x)=\ln\dfrac{1-x}{1+x}$，$g(x)=\ln(1-x)-\ln(1+x)$

D. $f(x)=\cos(\arccos x)$，$g(x)=x$

(5) 下列函数为复合函数的是（　　）.

A. $y=3x^2-2x$　　B. $y=\sin 2x$

C. $y=\arccos(2+e^x)$　　D. $y=\dfrac{\ln x}{\tan x}$

(6) 函数 $y=\arcsin(u-2)$，$u=2-|x|$ 构成复合函数，则 x 取值的区间是（　　）.

A. $[4,6]$　　B. $[-4,-6]$

C. $[-1,1]$　　D. $[3,5]$

(7) 当 $x\to 0$ 时，与 $\sqrt{1+x}-\sqrt{1-x}$ 等价的无穷小是（　　）.

A. x　　B. $2x$　　C. x^2　　D. $2x^2$

(8) 极限 $\lim\limits_{x\to\infty}\left(1+\dfrac{a}{x}\right)^{bx+d}$ 等于（　　）.

A. e　　B. e^b　　C. e^{ab}　　D. e^{ab+d}

(9) 当 $x\to 2$ 时，下列函数中为无穷小的是（　　）.

A. $f(x)=\begin{cases}\dfrac{x^2-4}{x-2}, & x\neq 2\\ 4, & x=2\end{cases}$　　B. $f(x)=2^{\frac{1}{x-2}}$

C. $f(x)=\begin{cases}\dfrac{x-2}{x+2}, & x\neq -2\\ 0, & x=-2\end{cases}$　　D. $f(x)=\dfrac{x+2}{x-2}$

3. 求函数 $f(x)=\sqrt{x^2-x-6}+\arcsin\dfrac{2x-1}{7}$ 的定义域.

4. 已知 $f(x)=\begin{cases}x^2+2x, & x\leqslant 0\\ 0, & x>0\end{cases}$，求 $f(x-1)$.

5. 已知 $\varphi(x+1)=\begin{cases}x^2, & 0\leqslant x\leqslant 1\\ 2x, & 1<x\leqslant 2\end{cases}$，求 $\varphi(x)$.

6. 设 $f(x)=\dfrac{x+k}{kx^2+2kx+2}$ 的定义域是 $(-\infty,+\infty)$，求 k 的取值范围.

7. 判断函数 $f(x)=x\left(\dfrac{1}{2^x-1}+\dfrac{1}{2}\right)$ 的奇偶性.

8. 设 $f(x)=\begin{cases}-x^2, & x\geqslant 0\\ -e^x, & x<0\end{cases}$，$\varphi(x)=\ln x$，求 $f[\varphi(x)]$ 及定义域.

9. 设$f(x)=\begin{cases}-1, & x<0\\ 0, & x=0\\ 1, & x>0\end{cases}$，求$f[f(x)]$.

10. 求下列函数的极限.

(1) $\lim\limits_{x\to\infty}\dfrac{(2x+1)^3(3x-2)^2}{(2x)^5+3}$　　(2) $\lim\limits_{x\to\infty}\left(\dfrac{x^3}{2x^2-1}-\dfrac{x^2}{2x+1}\right)$

(3) $\lim\limits_{x\to1}\dfrac{\sqrt{1+x}-1}{\sqrt[3]{1+x}-1}$　　(4) $\lim\limits_{x\to\infty}(\sqrt{x^2+x}-\sqrt{x^2-x})$

(5) $\lim\limits_{n\to\infty}\left[\dfrac{1}{1\cdot2}+\dfrac{1}{2\cdot3}+\cdots+\dfrac{1}{n(n+1)}\right]$　　(6) $\lim\limits_{x\to\infty}\dfrac{x^2-1+\sin^2x}{(x+\cos x)^2}$

(7) $\lim\limits_{x\to1}\left(\dfrac{2}{x^2-1}-\dfrac{1}{x-1}\right)$　　(8) $\lim\limits_{x\to0}\dfrac{\sqrt{1+x}-\sqrt{1-x}}{x}$

(9) $\lim\limits_{x\to\frac{4}{3}}\dfrac{\sin(9x^2-16)}{3x-4}$　　(10) $\lim\limits_{x\to0}\left(\dfrac{1-x}{1+x}\right)^{\frac{1}{x}}$

(11) $\lim\limits_{x\to0^-}\dfrac{x}{\sqrt{1-\cos x}}$　　(12) $\lim\limits_{x\to+\infty}x[\ln(x+1)-\ln x]$

(13) $\lim\limits_{x\to0}(1+x)^{\cot x}$　　(14) $\lim\limits_{x\to0}\sqrt[x]{1-2x}$

11. 若$\lim\limits_{x\to\pi}f(x)$存在，且$f(x)=\dfrac{\sin x}{x-\pi}+2\lim\limits_{x\to\pi}f(x)$，求$\lim\limits_{x\to\pi}f(x)$.

12. 讨论函数$f(x)=\begin{cases}\dfrac{x+\sin x}{x}, & x\neq0\\ 2, & x=0\end{cases}$，在点$x=0$处的连续性.

13. 讨论函数$f(x)=\begin{cases}\dfrac{1-\cos x}{x^2}, & x<0\\ \dfrac{1}{2}, & x=0\\ x^2+1, & x>0\end{cases}$，的连续性.

14. 设函数$f(x)=\begin{cases}-2, & x<-1\\ x^2+ax+b, & -1\leqslant x\leqslant1\\ 2, & x>1\end{cases}$，在$(-\infty,+\infty)$内连续，试求$a$，$b$的值.

15. 设函数$f(x)=\begin{cases}\dfrac{\sqrt{x^2+a^2}-a}{\sqrt{x^2+1}-1}, & -1<x<0\\ \dfrac{(m-1)x-m}{x^2-x-1}, & 0\leqslant x\leqslant1\end{cases}$　$(a>0,\ m\neq0)$，a为何值时，$\lim\limits_{x\to0}f(x)$存在.

16. 证明方程$x\cdot2^x-1=0$至少有一个小于1的正根.

17. 设函数$f(x)$，$g(x)$在$[a,b]$上连续，且$f(a)>g(a)$，$f(b)<g(b)$，证明在(a,b)内，曲线$y=f(x)$与$y=g(x)$至少有一个交点.

18. 证明方程 $x^5+a_1x^4+a_2x^3+a_3x^2+a_4x+a_5=0$ 至少有一个实根，其中 a_1，a_2，a_3，a_4，a_5为常数.

19. 设函数$f(x)$的定义域为$(-\infty,+\infty)$，对定义域内任意 x，y 都有

$$f(x+y)=f(x)e^y+f(y)e^x$$

证明：如果$f(x)$在 $x=0$ 处连续，则$f(x)$在定义域上都连续.

第2章　导数与微分

2.1　内 容 概 要

2.1.1　导数的概念

1. 导数定义

设函数 $f(x)$ 在点 x_0 的某一邻域内有定义，当自变量 x 在 x_0 处有增量 Δx 时，相应地有函数的增量 $\Delta y = f(x_0+\Delta x) - f(x_0)$，如果极限 $\lim\limits_{\Delta x\to 0}\dfrac{\Delta y}{\Delta x} = \lim\limits_{\Delta x\to 0}\dfrac{f(x_0+\Delta x)-f(x_0)}{\Delta x}$ 存在，则称极限值为函数 $f(x)$ 在点 x_0 的导数，即 $y'\Big|_{x=x_0} = \lim\limits_{\Delta x\to 0}\dfrac{\Delta y}{\Delta x} = \lim\limits_{\Delta x\to 0}\dfrac{f(x_0+\Delta x)-f(x_0)}{\Delta x}$.

2. 区间可导

如果函数 $y=f(x)$ 在区间 (a,b) 内每一点都可导，则称 $f(x)$ 在 (a,b) 内可导，即 $y' = \lim\limits_{\Delta x\to 0}\dfrac{f(x+\Delta x)-f(x)}{\Delta x}$.

3. 左、右导数

如果极限 $\lim\limits_{\Delta x\to 0^-}\dfrac{f(x_0+\Delta x)-f(x_0)}{\Delta x}$ 存在，则称此极限值为 $f(x)$ 在点 x_0 处的左导数，记作 $f'_-(x_0)$. 如果极限 $\lim\limits_{\Delta x\to 0^+}\dfrac{f(x_0+\Delta x)-f(x_0)}{\Delta x}$ 存在，则称此极限值为 $f(x)$ 在点 x_0 处的右导数，记作 $f'_+(x_0)$.

4. 可导的充要条件

函数 $y=f(x)$ 在点 x_0 可导的充要条件是 $f'_-(x_0)$ 与 $f'_+(x_0)$ 同时存在且相等，即 $f'(x_0)$ 存在 $\Leftrightarrow f'_-(x_0)=f'_+(x_0)$.

5. 闭区间可导

如果函数 $y=f(x)$ 在开区间 (a,b) 内可导，且 $f'_+(a)$ 与 $f'_-(b)$ 存在，称 $f(x)$ 在闭区间 $[a,b]$ 上可导.

6. 导数的几何意义

函数 $y=f(x)$ 在点 $(x_0, f(x_0))$ 的导数的几何意义是曲线 $y=f(x)$ 在点 $(x_0, f(x_0))$ 处切线的斜率，即

$$k=\tan\theta=\lim_{M\to M_0}\tan\varphi=f'(x_0)=\lim_{\Delta x\to 0}\frac{\Delta y}{\Delta x}=\lim_{\Delta x\to 0}\frac{f(x_0+\Delta x)-f(x_0)}{\Delta x}$$

切线方程 $y-y_0=f'(x_0)(x-x_0)$，法线方程 $y=y_0=-\dfrac{1}{f'(x_0)}(x-x_0)$，若 $f'(x_0)$ 为无穷大，则 $k=\tan\theta$ 不存在，曲线在点 $M(x_0,y_0)$ 有垂直于 x 轴的切线.

7. 可导与连续的关系

若 $y=f(x)$ 在点 x_0 可导，则 $f(x)$ 在点 x_0 连续，函数在点 x_0 连续在该点不一定可导，即函数连续是函数可导的必要条件，但不是充分条件.

2.1.2 导数的运算法则与复合函数的导数

1. 导数的运算法则

设 $u(x)$，$v(x)$ 在点 x 可导，则它们的和、差、积、商在点 x 也可导，且满足以下关系：

(1) $[u(x) \pm v(x)]' = u'(x) \pm v'(x)$

(2) $[u(x)v(x)]' = u'(x)v(x) + u(x)v'(x)$

(3) $\left[\dfrac{u(x)}{v(x)}\right]' = \dfrac{u'(x)v(x) - u(x)v'(x)}{[v(x)]^2}$，$v(x) \neq 0$

(4) $[C \cdot u(x)]' = Cu'(x)$，C 是常数

(5) $\left[\dfrac{1}{u(x)}\right]' = -\dfrac{1}{u^2(x)} \cdot u'(x)$，$u(x) \neq 0$

2. 反函数的求导法则

若函数 $y=f(x)$ 在点 x 可导且 $f'(x) \neq 0$，它的反函数 $x=f^{-1}(y)$ 在相应点 y 连续，则 $x=f^{-1}(y)$ 在点 y 可导且 $\dfrac{dx}{dy} = \dfrac{1}{\dfrac{dy}{dx}}$，即 $x'_y = \dfrac{1}{y'_x}$.

3. 导数公式

(1) $C' = 0$

(2) $(x^\alpha)' = \alpha x^{\alpha-1}$

(3) $(a^x)' = a^x \ln a$

(4) $(e^x)' = e^x$

(5) $(\log_a x)' = \dfrac{1}{x \ln a}$

(6) $(\ln x)' = \dfrac{1}{x}$

(7) $(\sin x)' = \cos x$

(8) $(\cos x)' = -\sin x$

(9) $(\tan x)' = \sec^2 x$

(10) $(\cot x)' = -\csc^2 x$

(11) $(\sec x)' = \sec x \tan x$

(12) $(\csc x)' = -\csc x \cot x$

(13) $(\arcsin x)' = \dfrac{1}{\sqrt{1-x^2}}$

(14) $(\arccos x)' = -\dfrac{1}{\sqrt{1-x^2}}$

(15) $(\arctan x)' = \dfrac{1}{1+x^2}$

(16) $(\operatorname{arccot} x)' = -\dfrac{1}{1+x^2}$

4. 复合函数的求导法则

如果 $u=\varphi(x)$ 在点 x 可导，$y=f(u)$ 在相应的点 u 可导，则复合函数 $y=f[\varphi(x)]$ 在点 x 可导，且有 $\dfrac{dy}{dx} = \dfrac{dy}{du} \cdot \dfrac{du}{dx}$，即 $y'_x = y'_u \cdot u'_x$.

2.1.3 隐函数与参数方程所确定函数的导数

1. 隐函数的导数

用一个方程 $F(x,y)=0$ 确定的函数 $y=f(x)$ 称为隐函数. 隐函数的求导方法是，将方

程两端同时对自变量 x 求导，对于只含有 x 的项，按通常的方法求导，对于含有 y 及 y 的函数的项求导时，则分别作为 x 的函数和 x 的复合函数求导，得到一个含有 x，y，y'的等式，从等式中解出 y'，即得隐函数的导数.

2. 对数求导法

对数求导法则就是对某些类型的函数，用先取对数变成隐函数，再等式两边对 x 求导，解出 y'的求导方法. 对数求导法适用于求幂指函数 $y=[f(x)]^{\varphi(x)}$ 及多个函数乘积形式的导数，它可将积、商的导数运算转化为和、差的导数运算，简化了求导运算.

3. 由参数方程所确定函数的导数

参数方程$\begin{cases}x=\varphi(t)\\y=f(t)\end{cases}$确定的 y 与 x 的函数关系称为由参数方程所确定的函数. 设 $x=\varphi(t)$ 有连续反函数 $t=\varphi^{-1}(x)$，$\varphi'(t)$，$f'(t)$ 存在，且 $\varphi'(t)\neq 0$ 则

$$\frac{\mathrm{d}y}{\mathrm{d}x}=\frac{\frac{\mathrm{d}y}{\mathrm{d}t}}{\frac{\mathrm{d}x}{\mathrm{d}t}}=\frac{f'(t)}{\varphi'(t)}=\frac{y'_t}{x'_t}$$

2.1.4　高阶导数

（1）设 $y=f(x)$ 在点 x 可导，若 $f'(x)$ 的导数存在，则称为 $y=f(x)$ 的二阶导数，即 $y''=(y')'=\frac{\mathrm{d}}{\mathrm{d}x}\left(\frac{\mathrm{d}y}{\mathrm{d}x}\right)=\frac{\mathrm{d}^2y}{\mathrm{d}x^2}$；$f''(x)$ 的导数存在，则称为 $y=f(x)$ 的三阶导数，即 y'''，$f'''(x)$，$\frac{\mathrm{d}^3y}{\mathrm{d}x^3}$，$\frac{\mathrm{d}^3f(x)}{\mathrm{d}x^3}$.

（2）若函数 $y=f(x)$ 的 $n-1$ 阶导数 $f^{(n-1)}(x)$ 的导数存在，则称为 $y=f(x)$ 的 n 阶导数，记作 $y^{(n)}$，$f^{(n)}(x)$，$\frac{\mathrm{d}^ny}{\mathrm{d}x^n}$，$\frac{\mathrm{d}^nf(x)}{\mathrm{d}x^n}$.

2.1.5　微分

1. 微分的概念

设函数 $y=f(x)$ 在点 x 的一个邻域内有定义，如果 $y=f(x)$ 在点 x 的增量 $\Delta y=f(x+\Delta x)-f(x)$ 可表示为 $\Delta y=A\cdot\Delta x+\alpha$，其中 A 与 Δx 无关，α 是 Δx 的高阶无穷小，则称 $A\cdot\Delta x$ 为 $y=f(x)$ 在点 x 处相应于增量 Δx 的微分，记作 $\mathrm{d}y$，$\mathrm{d}y=A\cdot\Delta x$，也称函数 $y=f(x)$ 在点 x 可微. 若函数 $y=f(x)$ 在点 x 可微，则 $y=f(x)$ 在点 x 可导且 $A=f'(x)$，反之，如果 $y=f(x)$ 在点 x 可导，则 $f(x)$ 在点 x 可微.

2. 微分的几何意义

函数 $y=f(x)$ 的微分 $\mathrm{d}y$ 就是曲线 $y=f(x)$ 在点 P 处切线的纵坐标在相应点 x 处的增量，用 $\mathrm{d}y$ 近似代替 Δy 也就是用曲线在点 $P(x,y)$ 切线纵坐标的增量，近似代替曲线 $y=f(x)$ 纵坐标的增量.

3. 基本初等函数的微分公式

（1）$\mathrm{d}C=0$　　（2）$\mathrm{d}x^{\alpha}=\alpha x^{\alpha-1}\mathrm{d}x$

（3）$\mathrm{d}a^x=a^x\ln a\mathrm{d}x$　　（4）$\mathrm{d}e^x=e^x\mathrm{d}x$

(5) $d\log_a x=\frac{1}{x\ln a}dx$ (6) $d\ln x=\frac{1}{x}dx$

(7) $d\sin x=\cos x dx$ (8) $d\cos x=-\sin x dx$

(9) $d\tan x=\sec^2 x dx$ (10) $d\cot x=-\csc^2 x dx$

(11) $d\sec x=\sec x\tan x dx$ (12) $d\csc x=-\csc x\cot x dx$

(13) $d\arcsin x=\frac{1}{\sqrt{1-x^2}}dx$ (14) $d\arccos x=-\frac{1}{\sqrt{1-x^2}}dx$

(15) $d\arctan x=\frac{1}{1+x^2}dx$ (16) $d\text{arccot} x=-\frac{1}{1+x^2}dx$

4. 微分的四则运算法则

(1) $d(u\pm v)=du\pm dv$ (2) $d(uv)=vdu+udv$

(3) $d\left(\frac{u}{v}\right)=\frac{vdu-udv}{v^2}$ $(v\neq 0)$ (4) $dCu=Cdu$（C 是常数）

5. 复合函数的微分

设 $y=f(u)$，$u=\varphi(x)$ 可微，则 $y=f[\varphi(x)]$ 可微，$dy=f'(u)\varphi'(x)dx=f'[\varphi(x)]\varphi'(x)dx$，$\varphi'(x)dx=d\varphi(x)=du$，上式可写为 $dy=f'(u)du$，它与 $y=f(u)$ 的微分 $dy=f'(u)du$ 形式相同，称为微分形式不变性，即无论 u 是自变量还是中间变量，函数 $y=f(u)$ 的微分形式总可以写成 $dy=f'(u)du$.

2.2 重要题型及解题方法

2.2.1 利用导数定义求函数的极限

【解题方法】

(1) $f'(x_0)=\lim\limits_{\Delta x\to 0}\frac{f(x_0+\Delta x)-f(x_0)}{\Delta x}$ 与 $f'(x_0)=\lim\limits_{x\to x_0}\frac{f(x)-f(x_0)}{x-x_0}$ 是等价形式.

(2) 导数是一种特殊形式的函数极限，而极限与自变量用什么字母表示无关，即

$$f'(x_0)=\lim_{t\to 0}\frac{f(x_0+t)-f(x_0)}{t}=\lim_{h\to 0}\frac{f(x_0+h)-f(x_0)}{h}$$

$$f'(x_0)=\lim_{t\to x_0}\frac{f(t)-f(x_0)}{t-x_0}=\lim_{h\to x_0}\frac{f(h)-f(x_0)}{h-x_0}$$

(3) 在求以上导数形式的极限时，先凑成导数定义的形式再求极限.

【例 2-1】 设函数 $f(x)$ 在点 x_0 可导，求下列函数的极限.

(1) $\lim\limits_{\Delta x\to 0}\frac{f(x_0+2\Delta x)-f(x_0)}{\Delta x}$ (2) $\lim\limits_{h\to 0}\frac{f(x_0-h)-f(x_0)}{h}$

解： (1) $\lim\limits_{\Delta x\to 0}\frac{f(x_0+2\Delta x)-f(x_0)}{\Delta x}=2\lim\limits_{\Delta x\to 0}\frac{f(x_0+2\Delta x)-f(x_0)}{2\Delta x}=2f'(x_0)$

(2) $\lim\limits_{h\to 0}\frac{f(x_0-h)-f(x_0)}{h}=-\lim\limits_{h\to 0}\frac{f(x_0-h)-f(x_0)}{-h}=-f'(x_0)$

【例 2-2】设 $f(x)=e^x$，求 $\lim\limits_{\Delta x\to 0}\dfrac{f(x_0)-f(x_0-\Delta x)}{\Delta x}$.

解：$\lim\limits_{\Delta x\to 0}\dfrac{f(x_0)-f(x_0-\Delta x)}{\Delta x}=\lim\limits_{\Delta x\to 0}\dfrac{f(x_0-\Delta x)-f(x_0)}{-\Delta x}=f'(x_0)=e^{x_0}$

2.2.2　求曲线的切线方程与法线方程

【解题方法】

（1）由导数的几何意义知，过 $(x_0,f(x_0))$ 的切线方程与法线方程的斜率分别为：切线斜率 $k=f'(x_0)$，法线斜率 $k=-\dfrac{1}{f'(x_0)}$.

（2）切线方程 $y-f(x_0)=f'(x_0)(x-x_0)$.

法线方程 $y-f(x_0)=-\dfrac{1}{f'(x_0)}(x-x_0)$.

【例 2-3】设曲线 $y=x^2+3x+1$ 上某点处的切线方程为 $y=mx$ 试求 m 的值.

解：过点 $(x_0,f(x_0))$ 的切线方程 $y-f(x_0)=f'(x_0)(x-x_0)$

即　$y=f'(x_0)x+f(x_0)-f'(x_0)x_0$，

由　$f'(x_0)=m$，$f(x_0)-f'(x_0)x_0=0$，$f'(x_0)=2x_0+3$

得　$\begin{cases}x_0^2+3x_0+1-(2x_0+3)x_0=0\\2x_0+3=m\end{cases}$，解得 $x_0=-1$，1.

当 $x_0=1$ 时，$m=5$，当 $x_0=-1$ 时，$m=1$.

【例 2-4】在曲线 $y=4-x^2(x\geqslant 0)$ 上求一点 P，使过 P 点的切线在两个坐标轴上的截距相等.

解：设 $P(X,Y)$ 为曲线 $y=4-x^2(x\geqslant 0)$ 上任一点，则曲线过该点的切线方程

$y-Y=f'(X)(x-X)$

由　$f'(x)=-2x$，得　$f'(X)=-2X$

$y-Y=-2X(x-X)$

令　$x=0$，$y=0$

得　$x=\dfrac{2X^2+Y}{2X}$，$y=2X^2+Y$

由　$x=y$，即　$\dfrac{2X^2+Y}{2X}=2X^2+Y$，

得　$X=\dfrac{1}{2}$，$Y=\dfrac{15}{4}$，

因此 P 点的坐标是 $\left(\dfrac{1}{2},\dfrac{15}{4}\right)$.

2.2.3　求分段函数在分段点处的导数

【解题方法】

（1）已知分段函数，求分段点处的导数，根据定义求出在分段点 x_0 处的左、右导数 $f'_-(x_0)$，$f'_+(x_0)$，然后根据 $f'_-(x_0)=f'_+(x_0)=A\Leftrightarrow f'(x_0)=A$. 判断 $f(x)$ 在 x_0 点导数的存在性.

（2）已知分段函数在分段点可导，求分段函数中的参数，由可导⇒连续，可得关系式

$$\begin{cases}\lim\limits_{x\to x_0^-}f(x)=\lim\limits_{x\to x_0^+}f(x)=\lim\limits_{x\to x_0}f(x)=f(x_0)\\ f'_-(x_0)=f'_+(x_0)\end{cases}$$

联立求解上述方程组，可确定分段函数中的参数.

【例 2-5】 设 $f(x)=\begin{cases}x^2, & x\leqslant 1\\ x, & x>1\end{cases}$，讨论 $f(x)$ 在点 $x=1$ 处的连续性与可导性.

解： $\lim\limits_{x\to 1^-}f(x)=\lim\limits_{x\to 1^-}x^2=1$，$\lim\limits_{x\to 1^+}f(x)=\lim\limits_{x\to 1^+}x=1$，$\lim\limits_{x\to 1}f(x)=1=f(1)$，$f(x)$ 在点 $x=1$ 处连续.

$$f'_-(1)=\lim_{x\to 1^-}\frac{f(x)-f(1)}{x-1}=\lim_{x\to 1^-}\frac{x^2-1}{x-1}=2$$

$$f'_+(1)=\lim_{x\to 1^+}\frac{f(x)-f(1)}{x-1}=\lim_{x\to 1^+}\frac{x-1}{x-1}=1$$

$f'_-(1)\neq f'_+(1)$，因此 $f(x)$ 在点 $x=1$ 处不可导.

【例 2-6】 若 $f(x)=\begin{cases}e^x, & x<0\\ a+bx, & x\geqslant 0\end{cases}$，在 $x=0$ 处可导，求 a，b 的值.

解： $f(x)$ 在 $x=0$ 处可导，则 $f(x)$ 在 $x=0$ 处连续，

即 $f'_-(0)=f'_+(0)=f'(0)$，$\lim\limits_{x\to 0^-}f(x)=\lim\limits_{x\to 0^+}f(x)=f(0)=a$

由 $\lim\limits_{x\to 0^-}f(x)=\lim\limits_{x\to 0^-}e^x=1$，$\lim\limits_{x\to 0^+}f(x)=\lim\limits_{x\to 0^+}(a+bx)=a$，

$$f'_-(0)=\lim_{\Delta x\to 0^-}\frac{f(0+\Delta x)-f(0)}{\Delta x}=\lim_{\Delta x\to 0^-}\frac{e^{\Delta x}-1}{\Delta x}=1$$

$$f'_+(0)=\lim_{\Delta x\to 0^+}\frac{f(0+\Delta x)-f(0)}{\Delta x}=\lim_{\Delta x\to 0^+}\frac{a+b\Delta x-a}{\Delta x}=b$$

因此 $a=1$，$b=1$.

2.2.4 求复合函数的导数

【解题方法】

（1）复合函数的求导要正确分析已给复合函数是由哪些中间变量复合而成的，这些中间变量均为基本初等函数或经过四则运算而成的初等函数，由外向内，由左向右逐步求导.

（2）利用复合函数的求导法则求导：

$y=f(u)$，$u=\varphi(x)\Rightarrow y=f[\varphi(x)]$，$y'_x=y'_u\cdot u'_x=f'(u)\varphi'(x)$

$y=f(u)$，$u=\varphi(v)$，$v=\psi(x)\Rightarrow y=f[\varphi(\psi(x))]$

$y'_x=y'_u\cdot u'_v\cdot v'_x=f'(u)\varphi'(v)\psi'(x)$

【例 2-7】 求下列函数的导数.

（1）$y=e^{\sin x}$ （2）$y=\cos\ln x$

（3）$y=\sqrt{1+\ln^2 x}$ （4）$y=\arctan\sqrt{e^x}$

解： （1）$y'=(e^{\sin x})'=e^{\sin x}(\sin x)'=e^{\sin x}\cos x$

（2）$y' = (\cos \ln x)' = -(\sin \ln x)(\ln x)' = -\frac{1}{x}\sin \ln x$

（3）$y' = \frac{1}{2\sqrt{1+\ln^2 x}}(1+\ln^2 x)' = \frac{1}{2\sqrt{1+\ln^2 x}} 2\ln x(\ln x)' = \frac{\ln x}{x\sqrt{1+\ln^2 x}}$

（4）$y' = \frac{1}{1+e^x}(\sqrt{e^x})' = \frac{1}{1+e^x} \cdot \frac{1}{2\sqrt{e^x}}(e^x)' = \frac{\sqrt{e^x}}{2(1+e^x)}$

【例 2-8】求下列函数的导数.

（1）$y = \ln \sin(e^{3x})$　　（2）$y = \ln^2(\ln^3 x)$

解：（1）$y' = \frac{1}{\sin(e^{3x})}(\sin e^{3x})' = \frac{1}{\sin(e^{3x})}\cos(e^{3x})(e^{3x})'$

$= \frac{1}{\sin(e^{3x})}\cos(e^{3x})3e^{3x} = 3e^{3x}\cot(e^{3x})$

（2）$y' = 2(\ln \ln^3 x)(\ln \ln^3 x)' = 2(\ln \ln^3 x)\frac{1}{\ln^3 x}(\ln^3 x)'$

$= 2(\ln \ln^3 x)\frac{1}{\ln^3 x}3\ln^2 x(\ln x)' = \frac{6}{x\ln x}\ln \ln^3 x$

【例 2-9】设 $F(u)$ 可导，试求下列函数的导数.

（1）$f(x) = F(\sin x) + F(\cos x)$　　（2）$f(x) = \ln F(x^2)$

解：（1）$f'(x) = F'(\sin x)(\sin x)' + F'(\cos x)(\cos x)'$

$= F'(\sin x)\cos x - F'(\cos x)\sin x$

（2）$f'(x) = [\ln F(x^2)]' = \frac{1}{F(x^2)}[F(x^2)]'$

$= \frac{1}{F(x^2)}F'(x^2)(x^2)' = 2xF'(x^2)\frac{1}{F(x^2)}$

【例 2-10】设 $f\left(\frac{1}{x}\right) = \frac{x}{x+1}$，求 $f'(x)$.

解：$f\left(\frac{1}{x}\right) = \frac{x}{x+1} = \frac{1}{1+\frac{1}{x}}$

即　$f(x) = \frac{1}{1+x}$

$f'(x) = -\frac{1}{(1+x)^2}(1+x)' = -\frac{1}{(1+x)^2}$

【例 2-11】设 $f(x) = \sin(\ln x)$，求 $f''(x)$.

解：$f'(x) = \cos(\ln x)(\ln x)' = \frac{1}{x}\cos(\ln x)$

$f''(x) = \left(\frac{1}{x}\right)'\cos(\ln x) + \frac{1}{x}[\cos(\ln x)]'$

$= -\frac{1}{x^2}\cos(\ln x) + \frac{1}{x}[-\sin(\ln x)](\ln x)'$

$= -\frac{1}{x^2}[\cos(\ln x) + \sin(\ln x)]$

【例 2-12】设$f(x)$二阶可导，求$y=f(\ln x)$的二阶导数.

解：$y'=f'(\ln x)(\ln x)'=\frac{1}{x}f'(\ln x)$

$$y''=\left(\frac{1}{x}\right)'f'(\ln x)+\frac{1}{x}[f'(\ln x)]'$$

$$=-\frac{1}{x^2}f'(\ln x)+\frac{1}{x}f''(\ln x)(\ln x)'$$

$$=\frac{1}{x^2}[f''(\ln x)-f'(\ln x)]$$

2.2.5 求隐函数的导数

【解题方法】

(1) 由方程$F(x,y)=0$确定函数$y=f(x)$，求导方法是方程两边同时对x求导，y是x的函数. 例如：y^2，$\ln y$，$\sin y$都是x的复合函数，对x求导，应按复合函数的求导法则求导$(y^2)'=2yy'$，$(\ln y)'=\frac{1}{y}y'$，$(\sin y)'=y'\cos y$.

(2) 求隐函数的导数也可利用微分形式不变性，对方程两边求微分，然后解出$\frac{\mathrm{d}y}{\mathrm{d}x}$.

【例 2-13】求由方程$xy^2-\mathrm{e}^{xy}+2=0$确定的隐函数$y=y(x)$的导数.

解：将所给式子两端对x求导，得

$$y^2+2xyy'-\mathrm{e}^{xy}(y+xy')=0$$

即　$y'=\frac{y(\mathrm{e}^{xy}-y)}{x(2y-\mathrm{e}^{xy})}$

【例 2-14】设$y=\arctan(x^2+y)$，求y'.

解：$y'=\frac{1}{1+(x^2+y)^2}(x^2+y)'$，$y'+(x^2+y)^2y'=2x+y'$，

即　$y'=\frac{2x}{(x^2+y)^2}$

2.2.6 求参数方程的导数

【解题方法】

设$x=\varphi(t)$，$y=\psi(t)$，则一阶导数为$\frac{\mathrm{d}y}{\mathrm{d}x}=\frac{\frac{\mathrm{d}y}{\mathrm{d}t}}{\frac{\mathrm{d}x}{\mathrm{d}t}}=\frac{\psi'(t)}{\varphi'(t)}=\phi(t)$，二阶导数为$\frac{\mathrm{d}^2y}{\mathrm{d}x^2}=\frac{\mathrm{d}}{\mathrm{d}x}\frac{\mathrm{d}y}{\mathrm{d}x}=$

$\frac{\mathrm{d}y'}{\mathrm{d}x}=\frac{\frac{\mathrm{d}y'}{\mathrm{d}t}}{\frac{\mathrm{d}x}{\mathrm{d}t}}=\frac{\phi'(t)}{\varphi'(t)}$.

【例 2-15】求下列参数方程所确定函数的导数$\frac{\mathrm{d}y}{\mathrm{d}x}$.

(1) $\begin{cases} x = 1 + \sin t \\ y = t\cos t \end{cases}$　　(2) $\begin{cases} x = \ln(1 + t^2) + 1 \\ y = 2\arctan t - (1 + t)^2 \end{cases}$

解：(1) $\frac{dx}{dt} = \cos t$，$\frac{dy}{dt} = \cos t - t\sin t$，则

$$\frac{dy}{dx} = \frac{y'_t}{x'_t} = \frac{\cos t - t\sin t}{\cos t} = 1 - t\tan t$$

(2) $$\frac{dy}{dx} = \frac{y'_t}{x'_t} = \frac{\frac{2}{1+t^2} - 2(1+t)}{\frac{1}{1+t^2}2t} = \frac{\frac{-2(t^3+t^2+t)}{1+t^2}}{\frac{2t}{1+t^2}} = -(t^2+t+1)$$

2.2.7　利用对数求导法求函数的导数

【解题方法】

(1) 函数 $f(x)$ 的表达式是多个函数的乘积或分式、根式.

(2) 函数 $f(x)$ 的表达式是幂指函数.

对上述情形，可先对等式两边取对数，然后按隐函数求导方法求导.

【例 2-16】求方程 $x^y = y^x$ 所确定的隐函数 $y = y(x)$ 的导数.

解：$x^y = y^x$

两边取对数　$y\ln x = x\ln y$

两边求导　$y'\ln x + y\frac{1}{x} = \ln y + x\frac{1}{y}y'$，$y'\left(\ln x - \frac{x}{y}\right) = \ln y - \frac{y}{x}$

即　$$y' = \frac{\ln y - \frac{y}{x}}{\ln x - \frac{x}{y}} = \frac{xy\ln y - y^2}{xy\ln x - x^2}$$

【例 2-17】设 $y = (1 + x) \cdot \sin x \cdot \arctan x$，求 y'.

解：$y = (1 + x) \cdot \sin x \cdot \arctan x$

两边取对数　$\ln y = \ln(1 + x) + \ln \sin x + \ln \arctan x$

两边求导　$\frac{y'}{y} = \frac{1}{1+x} + \frac{1}{\sin x}\cos x + \frac{1}{\arctan x} \cdot \frac{1}{1+x^2}$

即　$$y' = (1 + x) \cdot \sin x \cdot \arctan x\left(\frac{1}{1+x} + \cot x + \frac{1}{\arctan x} \cdot \frac{1}{1+x^2}\right)$$

2.2.8　求函数的微分

【解题方法】

(1) 按微分公式 $dy = f'(x)dx$，微分运算可转化为导数运算，计算微分时，先求出 $f'(x)$，由公式 $dy = f'(x)dx$，可求得微分.

(2) 求复合函数 $y = f[\varphi(x)]$ 的微分，可利用一阶微分的形式不变性 $df[\varphi(x)] = f'[\varphi(x)]d\varphi(x)$.

【例 2-18】设 $y = \sin(\ln x)$，求 dy.

解：$y' = [\sin(\ln x)]' = \cos(\ln x)(\ln x)' = \cos(\ln x)\frac{1}{x}$

即 $dy=y'dx=\frac{1}{x}\cos(\ln x)dx$

【例 2-19】设 $y=\ln(\cos e^x)$，求 dy.

解：$dy=d(\ln\cos e^x)=\frac{1}{\cos e^x}d(\cos e^x)=\frac{1}{\cos e^x}(-\sin e^x)de^x=-e^x\tan e^x dx$

2.2.9 求隐函数的微分

【解题方法】

求隐函数的微分有下面两种方法：

(1) 直接利用微分运算法则及一阶微分形式不变性求解.

(2) 将等式两端对 x 求导并注意 y 是 x 的函数，求出 y'后，再写出 $dy=y'dx$.

【例 2-20】设 $y=x+\ln y$，确定函数 $y=y(x)$，求 dy.

解：方法一，两边求导　$y'=1+\frac{1}{y}y'$，$y'=\frac{y}{y-1}$

即 $dy=y'dx=\frac{y}{y-1}dx$

方法二，方程两边取微分，由一阶微分形式不变性，得

$$dy=d(x+\ln y)=dx+d\ln y=dx+\frac{1}{y}dy$$

解得 $dy=\frac{1}{1-\frac{1}{y}}dx=\frac{y}{y-1}dx$

【例 2-21】设 $\arcsin x+\arcsin y=1$，确定函数 $y=y(x)$，求 dy.

解：方程两边取微分，由一阶微分形式不变性，得

$$d\arcsin x+d\arcsin y=0,\ \frac{1}{\sqrt{1-x^2}}dx+\frac{1}{\sqrt{1-y^2}}dy=0$$

即 $dy=-\frac{\sqrt{1-y^2}}{\sqrt{1-x^2}}dx$

2.3 习题 2 解析

【例 2-22】在抛物线 $y=x^2$ 上取横坐标为 $x_1=1$，$x_2=3$ 的两点，作过这两点的割线，问该抛物线上哪一点的切线平行于这条割线?

解：由 $y=x^2$，$x_1=1$，$x_2=3$，得

割线斜率　$k_2=4$

切线斜率　$k_1=\lim\limits_{x\to x_0}\frac{f(x)-f(x_0)}{x-x_0}=\lim\limits_{x\to x_0}\frac{x^2-x_0^2}{x-x_0}=2x_0$

由 $2x_0=4$，得 $x_0=2$，抛物线上过(2,4)点的切线平行于这条割线.

【例 2-23】证明：函数$f(x)=\begin{cases}-x^2, & x<0\\ x^2, & x\geqslant 0\end{cases}$在点 $x=0$ 可导.

证明：$\lim\limits_{x\to 0^-}f(x)=\lim\limits_{x\to 0^-}(-x^2)=0$

$$\lim_{x\to 0^+}f(x)=\lim_{x\to 0^+}x^2=f(0)=0$$

$$f'_-(0)=\lim_{x\to 0^-}\frac{f(x)}{x}=\lim_{x\to 0^-}\frac{-x^2}{x}=0$$

$$f'_+(0)=\lim_{x\to 0^+}\frac{f(x)}{x}=\lim_{x\to 0^+}\frac{x^2}{x}=0$$

因此$f(x)$在 $x=0$ 处可导且$f'(0)=0$

【例 2-24】若函数$f(x)=\begin{cases}x^2, & x\leqslant 1\\ ax+b, & x>1\end{cases}$在点 $x=1$ 处可导，试确定 a，b 的值.

解：$\lim\limits_{x\to 1^-}x^2=\lim\limits_{x\to 1^+}(ax+b)=f(1)=1$，$a+b=1$

$$\lim_{x\to 1^-}\frac{f(x)-f(1)}{x-1}=\lim_{x\to 1^-}\frac{x^2-1}{x-1}=\lim_{x\to 1^-}(x+1)=2$$

$$\lim_{x\to 1^+}\frac{f(x)-f(1)}{x-1}=\lim_{x\to 1^+}\frac{ax+b-1}{x-1}=\lim_{x\to 1^+}\frac{ax-a}{x-1}=\lim_{x\to 1^+}\frac{a(x-1)}{x-1}=a$$

因此 $a=2$，$b=-1$

【例 2-25】设$f(x)$在 $x=1$ 处连续，且$\lim\limits_{x\to 1}\frac{f(x)}{x-1}=2$，求$f'(1)$.

解：$\lim\limits_{x\to 1}f(x)=\lim\limits_{x\to 1}\frac{f(x)}{x-1}(x-1)=0$

$$\lim_{x\to 1}f(x)=f(1)=0$$

因此　$f'(1)=\lim\limits_{x\to 1}\frac{f(x)-f(1)}{x-1}=\lim\limits_{x\to 1}\frac{f(x)}{x-1}=2$

【例 2-26】求下列函数的导数.

（1）$y=\sin^4x\cdot\cos 4x$　　（2）$y=(\ln\ln x)^4$

（3）$y=\ln\sin(x^2+1)$　　（4）$y=\ln(x+\sqrt{x^2+1})$

（5）$y=\frac{e^{-x}+x}{\tan 3x}$　　（6）$y=\frac{\sin 2x}{1-\cos 2x}$

解：（1）$y'=(\sin^4x)'\cos 4x+\sin^4x(\cos 4x)'$

$$=4\sin^3x(\sin x)'\cos 4x+\sin^4x(-\sin 4x)(4x)'$$

$$=4\sin^3x\cos x\cos 4x-4\sin^4x\sin 4x$$

$$=4\sin^3x(\cos x\cos 4x-\sin x\sin 4x)$$

$$=4\sin^3x\cos 5x$$

（2）$y'=4(\ln\ln x)^3(\ln\ln x)'=4(\ln\ln x)^3\frac{1}{\ln x}(\ln x)'$

$$=4(\ln\ln x)^3\frac{1}{\ln x}\cdot\frac{1}{x}=4(\ln\ln x)^3\frac{1}{x\ln x}$$

（3）$y'=\frac{1}{\sin(x^2+1)}[\sin(x^2+1)]'=\frac{1}{\sin(x^2+1)}\cos(x^2+1)(x^2+1)'$

$$=\frac{1}{\sin(x^2+1)}\cos(x^2+1)(2x)=2x\cot(x^2+1)$$

(4) $$y'=\frac{1}{x+\sqrt{x^2+1}}(x+\sqrt{x^2+1})'$$

$$=\frac{1}{x+\sqrt{x^2+1}}\left[1+\frac{1}{2\sqrt{x^2+1}}(x^2+1)'\right]$$

$$=\frac{1}{x+\sqrt{x^2+1}}\left(1+\frac{x}{\sqrt{x^2+1}}\right)$$

$$=\frac{1}{x+\sqrt{x^2+1}}\cdot\frac{\sqrt{x^2+1}+x}{\sqrt{x^2+1}}=\frac{1}{\sqrt{x^2+1}}$$

(5) $$y'=\frac{(e^{-x}+x)'\tan3x-(e^{-x}+x)(\tan3x)'}{\tan^2 3x}$$

$$=\frac{[(e^{-x})'+1]\tan3x-(e^{-x}+x)\sec^2 3x(3x)'}{\tan^2 3x}$$

$$=\frac{(1-e^{-x})\tan3x-3(e^{-x}+x)\sec^2 3x}{\tan^2 3x}$$

(6) $$y=\frac{\sin2x}{1-\cos2x}=\frac{2\sin x\cos x}{2\sin^2 x}=\cot x$$

$$y'=(\cot x)'=-\csc^2 x$$

【例 2-27】 设 $f(x)$ 可导，求 y 的导数 y'，$y=f(\sin^2 x)+f(\cos^2 x)$.

解： $$y'=f'(\sin^2 x)(\sin^2 x)'+f'(\cos^2 x)(\cos^2 x)'$$

$$=f'(\sin^2 x)2\sin x(\sin x)'+f'(\cos^2 x)2\cos x(\cos x)'$$

$$=f'(\sin^2 x)2\sin x\cos x+f'(\cos^2 x)2\cos x(-\sin x)$$

$$=\sin2x[f'(\sin^2 x)-f'(\cos^2 x)]$$

【例 2-28】 设 $\varphi(x)=\begin{cases}x^3\sin\dfrac{1}{x}, & x\neq0\\ 0, & x=0\end{cases}$，函数 $f(x)$ 可导，求 $F(x)=f[\varphi(x)]$ 的导数.

解： $$F(x)=f[\varphi(x)]=\begin{cases}f\left(x^3\sin\dfrac{1}{x}\right), & x\neq0\\ f(0), & x=0\end{cases}$$

$$F'(0)=\lim_{x\to0}\frac{F(x)-F(0)}{x}=\lim_{x\to0}\frac{f\left(x^3\sin\dfrac{1}{x}\right)-f(0)}{x}$$

$$=\lim_{x\to0}\frac{f\left(x^3\sin\dfrac{1}{x}\right)-f(0)}{x^3\sin\dfrac{1}{x}}\cdot\frac{x^3\sin\dfrac{1}{x}}{x}=f'(0)\cdot0=0$$

因此 $$F'(x)=\begin{cases}f'\left(x^3\sin\dfrac{1}{x}\right)\left(3x^2\sin\dfrac{1}{x}-x\cos\dfrac{1}{x}\right), & x\neq0\\ 0, & x=0\end{cases}$$

【例 2-29】求下列方程所确定隐函数的导数.

(1) $x\cos y=\sin(x+y)$　　(2) $\arctan\dfrac{y}{x}=\ln\sqrt{x^2+y^2}$

解: (1) $x\cos y=\sin(x+y)$

两边求导，得

$$\cos y+x(-\sin y)y'=\cos(x+y)(x+y)'$$
$$\cos y-x\sin y\cdot y'=\cos(x+y)(1+y')$$
$$\cos y-x\sin y\cdot y'=\cos(x+y)+y'\cos(x+y)$$
$$y'=\frac{\cos y-\cos(x+y)}{x\sin y+\cos(x+y)}$$

(2) $\arctan\dfrac{y}{x}=\ln\sqrt{x^2+y^2}$, $\arctan\dfrac{y}{x}=\dfrac{1}{2}\ln(x^2+y^2)$

两边求导，得

$$\frac{1}{1+\left(\frac{y}{x}\right)^2}\left(\frac{y}{x}\right)'=\frac{1}{2}\cdot\frac{1}{x^2+y^2}\ (x^2+y^2)'$$
$$\frac{x^2}{x^2+y^2}\cdot\frac{y'x-y}{x^2}=\frac{1}{2}\cdot\frac{1}{x^2+y^2}\ (2x+2yy')$$
$$y'x-y=x+yy'$$

即　$y'=\dfrac{x+y}{x-y}$, $x\neq y$

【例 2-30】用对数求导法求下列函数的导数.

(1) $y=\left(\dfrac{x}{1+x}\right)^x$　　(2) $y=\sqrt{(x\sin x)\sqrt{1-e^x}}$

解: (1) $y=\left(\dfrac{x}{1+x}\right)^x$

两边取对数　$\ln y=x[\ln x-\ln(1+x)]$

两边求导　$\dfrac{1}{y}y'=\ln x-\ln(1+x)+x\left(\dfrac{1}{x}-\dfrac{1}{1+x}\right)$

$$\frac{1}{y}y'=\ln\frac{x}{1+x}+\frac{1}{1+x}$$

即　$y'=\left(\dfrac{x}{1+x}\right)^x\left(\dfrac{1}{1+x}+\ln\dfrac{x}{1+x}\right)$

(2) $y=\sqrt{(x\sin x)\sqrt{1-e^x}}$

两边取对数　$\ln y=\dfrac{1}{2}\left[\ln x+\ln\sin x+\dfrac{1}{2}\ln(1-e^x)\right]$

两边求导　$\dfrac{1}{y}y'=\dfrac{1}{2}\left[\dfrac{1}{x}+\dfrac{1}{\sin x}\cos x+\dfrac{1}{2}\cdot\dfrac{1}{1-e^x}\ (1-e^x)'\right]$

即　$y'=\dfrac{1}{2}\sqrt{(x\sin x)\sqrt{1-e^x}}\left[\dfrac{1}{x}+\cot x-\dfrac{e^x}{2(1-e^x)}\right]$

【例 2-31】求下列参数方程所确定函数的导数.

(1) $\begin{cases}x=e^t\sin t\\y=e^t\cos t\end{cases}$　　(2) $\begin{cases}x=f'(t)\\y=tf'(t)-f(t)\end{cases}$, $f''(t)\neq 0$

解：(1) $\dfrac{dy}{dx}=\dfrac{y'_t}{x'_t}=\dfrac{(e^t\cos t)'}{(e^t\sin t)'}=\dfrac{e^t\cos t-e^t\sin t}{e^t\sin t+e^t\cos t}=\dfrac{\cos t-\sin t}{\cos t+\sin t}$

(2) $\dfrac{dy}{dx}=\dfrac{y'_t}{x'_t}=\dfrac{[tf'(t)-f(t)]'}{[f'(t)]'}=\dfrac{f'(t)+tf''(t)-f'(t)}{f''(t)}=t$

【例 2-32】求星形线 $x^{\frac{2}{3}}+y^{\frac{2}{3}}=a^{\frac{2}{3}}$ ($a>0$)，在点 $M_0\left(\dfrac{\sqrt{2}a}{4},\dfrac{\sqrt{2}a}{4}\right)$的切线方程.

解：$x^{\frac{2}{3}}+y^{\frac{2}{3}}=a^{\frac{2}{3}}$

两边求导　$\dfrac{2}{3}x^{-\frac{1}{3}}+\dfrac{2}{3}y^{-\frac{1}{3}}y'=0$

$$y'=-\frac{x^{-\frac{1}{3}}}{y^{-\frac{1}{3}}}=-\sqrt[3]{\frac{y}{x}},\ y'\Big|_{M_0}=-1$$

过 M_0 的切线方程　$y-\dfrac{\sqrt{2}}{4}a=-x+\dfrac{\sqrt{2}}{4}a$

即　$x+y-\dfrac{\sqrt{2}}{2}a=0$

【例 2-33】求曲线$\begin{cases}x=\dfrac{3at}{1+t^2}\\y=\dfrac{3at^2}{1+t^2}\end{cases}$对应于 $t=2$ 的切线方程和法线方程.

解：$\dfrac{dy}{dx}=\dfrac{y'_t}{x'_t}=\dfrac{\left(\dfrac{3at^2}{1+t^2}\right)'}{\left(\dfrac{3at}{1+t^2}\right)'}=\dfrac{\dfrac{6at(1+t^2)-3at^2\cdot 2t}{(1+t^2)^2}}{\dfrac{3a(1+t^2)-3at\cdot 2t}{(1+t^2)^2}}$

$$=\frac{6at+6at^3-6at^3}{3a+3at^2-6at^2}=\frac{6at}{3a-3at^2}=\frac{2t}{1-t^2}$$

当 $t=2$ 时，$x_0=\dfrac{6a}{5}$，$y_0=\dfrac{12a}{5}$

$$\frac{dy}{dx}\Big|_{t=2}=-\frac{4}{3}$$

切线方程　$y-\dfrac{12a}{5}=-\dfrac{4}{3}\left(x-\dfrac{6a}{5}\right)$，$\dfrac{4}{3}x+y-4a=0$

法线方程　$y-\dfrac{12a}{5}=\dfrac{3}{4}\left(x-\dfrac{6a}{5}\right)$，$\dfrac{3}{4}x-y+\dfrac{3}{2}a=0$

【例 2-34】求下列函数的二阶导数.

(1) $y=f(x^2)$　　(2) $y=e^{f(x)}$

解：(1) $y'=f'(x^2)(x^2)'=f'(x^2)\cdot 2x=2xf'(x^2)$

$$y''=2f'(x^2)+2xf''(x^2)(x^2)'$$
$$=2f'(x^2)+4x^2f''(x^2)$$

（2） $y' = e^{f(x)} \cdot f'(x)$

$y'' = e^{f(x)} \cdot [f'(x)]^2 + e^{f(x)} \cdot f''(x)$

【例 2-35】求下列函数的 n 阶导数.

（1） $y = \ln \dfrac{1}{1-x}$　　　　（2） $y = \sin^2 x$

解：（1） $y = \ln \dfrac{1}{1-x} = -\ln(1-x)$

$$y' = -\frac{1}{1-x}(1-x)' = \frac{1}{1-x} = -(x-1)^{-1}$$

$$y'' = (-1)(-1)(x-1)^{-2}$$

$$y''' = (-1)(-1)(-2)(x-1)^{-3}$$

$$\cdots$$

$$y^{(n)} = (-1)(-1)(-2)\cdots[-(n-1)](x-1)^{-n}$$

$$= (-1)^n (n-1)!\ (x-1)^{-n}$$

（2） $y' = 2\sin x\cos x = \sin 2x$

$$y'' = 2\sin\left(2x + \frac{1 \cdot \pi}{2}\right)$$

$$y''' = 2^2\sin\left(2x + \frac{2 \cdot \pi}{2}\right)$$

$$y^{(4)} = 2^3\sin\left(2x + \frac{3 \cdot \pi}{2}\right)$$

$$y^{(5)} = 2^4\sin\left(2x + \frac{4 \cdot \pi}{2}\right)$$

$$\cdots$$

$$y^{(n)} = 2^{n-1} \cdot \sin\left[2x + \frac{(n-1) \cdot \pi}{2}\right]$$

【例 2-36】证明函数 $y = e^{\sqrt{x}} + e^{-\sqrt{x}}$ 满足关系式 $xy'' + \frac{1}{2}y' - \frac{1}{4}y = 0$.

证明： $y' = e^{\sqrt{x}} \cdot \dfrac{1}{2\sqrt{x}} - e^{-\sqrt{x}} \cdot \dfrac{1}{2\sqrt{x}} = \dfrac{1}{2\sqrt{x}}\ (e^{\sqrt{x}} - e^{-\sqrt{x}})$

$$y'' = -\frac{1}{4}x^{-\frac{3}{2}}(e^{\sqrt{x}} - e^{-\sqrt{x}}) + \frac{1}{2\sqrt{x}}\left(e^{\sqrt{x}} \cdot \frac{1}{2\sqrt{x}} + e^{-\sqrt{x}} \cdot \frac{1}{2\sqrt{x}}\right)$$

$$= -\frac{1}{2x} \cdot \frac{1}{2\sqrt{x}}\ (e^{\sqrt{x}} - e^{-\sqrt{x}}) + \frac{1}{4x}\ (e^{\sqrt{x}} + e^{-\sqrt{x}})$$

$$= -\frac{1}{2x}y' + \frac{1}{4x}y$$

即　$xy'' = -\dfrac{1}{2}y' + \dfrac{1}{4}y$

满足　$xy'' + \dfrac{1}{2}y' - \dfrac{1}{4}y = 0$

【例 2-37】求下列函数的微分.

（1） $y = \tan^2(1 + 2x^2)$　　　　（2） $y = 1 + xe^y$

解：（1）方法一，$y=\tan^2(1+2x^2)$

$$y'=2\tan(1+2x^2)[\tan(1+2x^2)]'$$
$$=2\tan(1+2x^2)\sec^2(1+2x^2)(1+2x^2)'$$
$$=2\tan(1+2x^2)\sec^2(1+2x^2)4x$$
$$\mathrm{d}y=8x\tan(1+2x^2)\sec^2(1+2x^2)\mathrm{d}x$$

方法二，$\mathrm{d}y=2\tan(1+2x^2)\mathrm{d}\tan(1+2x^2)$

$$=2\tan(1+2x^2)\sec^2(1+2x^2)\mathrm{d}(1+2x^2)$$
$$=2\tan(1+2x^2)\sec^2(1+2x^2)4x\mathrm{d}x$$
$$=8x\tan(1+2x^2)\sec^2(1+2x^2)\mathrm{d}x$$

（2）方法一，两边求导，得

$$y'=(x\mathrm{e}^y)'$$
$$y'=\mathrm{e}^y+x\mathrm{e}^y y'$$
$$y'(1-x\mathrm{e}^y)=\mathrm{e}^y$$

即 $y'=\dfrac{\mathrm{e}^y}{1-x\mathrm{e}^y}=\dfrac{\mathrm{e}^y}{2-y}$

$$\mathrm{d}y=y'\mathrm{d}x=\frac{\mathrm{e}^y}{1-x\mathrm{e}^y}\mathrm{d}x=\frac{\mathrm{e}^y}{2-y}\mathrm{d}x$$

方法二，由 $y=1+x\mathrm{e}^y$ 两边微分，得

$$\mathrm{d}y=\mathrm{d}(1+x\mathrm{e}^y)$$
$$\mathrm{d}y=\mathrm{d}x\mathrm{e}^y=\mathrm{e}^y\mathrm{d}x+x\mathrm{d}\mathrm{e}^y$$
$$=\mathrm{e}^y\mathrm{d}x+x\mathrm{e}^y\mathrm{d}y$$

得 $\mathrm{d}y-x\mathrm{e}^y\mathrm{d}y=\mathrm{e}^y\mathrm{d}x$

$$(1-x\mathrm{e}^y)\mathrm{d}y=\mathrm{e}^y\mathrm{d}x$$
$$\mathrm{d}y=\frac{\mathrm{e}^y}{1-x\mathrm{e}^y}\mathrm{d}x=\frac{\mathrm{e}^y}{2-y}\mathrm{d}x$$

2.4 复习题 2 解析

【例 2-38】 设 $f(x)$，$g(x)$ 可导，求下列函数的极限.

（1）$\lim\limits_{\Delta x\to 0}\dfrac{f(x_0-\Delta x)-f(x_0)}{\Delta x}$

（2）$\lim\limits_{\Delta x\to 0}\dfrac{f^2(x+\Delta x)-f^2(x)}{\Delta x}$

（3）$\lim\limits_{\Delta x\to 0}\dfrac{f(x_0+m\Delta x)-f(x_0-n\Delta x)}{\Delta x}$

（4）设 $f'(0)=a$，$g'(0)=b$，$f(0)=g(0)$，求 $\lim\limits_{x\to 0}\dfrac{f(x)-g(-x)}{x}$

解：（1）$\lim\limits_{\Delta x\to 0}\dfrac{f(x_0-\Delta x)-f(x_0)}{\Delta x}=-\lim\limits_{\Delta x\to 0}\dfrac{f(x_0-\Delta x)-f(x_0)}{-\Delta x}=-f'(x_0)$

（2）$\lim\limits_{\Delta x\to 0}\dfrac{f^2(x+\Delta x)-f^2(x)}{\Delta x}=[f^2(x)]'=2f(x)f'(x)$

(3) $\lim\limits_{\Delta x\to 0}\dfrac{f(x_0+m\Delta x)-f(x_0-n\Delta x)}{\Delta x}$

$=\lim\limits_{\Delta x\to 0}\dfrac{f(x_0+m\Delta x)-f(x_0)}{m\Delta x}\cdot m-\lim\limits_{\Delta x\to 0}\dfrac{f(x_0-n\Delta x)-f(x_0)}{-n\Delta x}\cdot(-n)$

$=mf'(x_0)+nf'(x_0)$

$=(m+n)f'(x_0)$

(4) $\lim\limits_{x\to 0}\dfrac{f(x)-g(-x)}{x}=\lim\limits_{x\to 0}\dfrac{f(x)-f(0)-g(-x)+g(0)}{x}$

$=\lim\limits_{x\to 0}\dfrac{f(x)-f(0)}{x}+\lim\limits_{x\to 0}\dfrac{g(-x)-g(0)}{-x}$

$=f'(0)+g'(0)$

$=a+b$

【例 2-39】 $y=\ln[\cos(10+3x^2)]$，求 y'.

解： $y'=\dfrac{1}{\cos(10+3x^2)}\cdot(-1)\cdot\sin(10+3x^2)\cdot 6x$

$=-6x\cdot\tan(10+3x^2)$

【例 2-40】 已知 $f(u)$ 可导，$y=f[\ln(x+\sqrt{a^2+x^2})]$，求 y'.

解： $y'=f'[\ln(x+\sqrt{a^2+x^2})]\cdot\dfrac{1}{x+\sqrt{a^2+x^2}}\cdot\left(1+\dfrac{x}{\sqrt{a^2+x^2}}\right)$

$=\dfrac{1}{\sqrt{a^2+x^2}}f'[\ln(x+\sqrt{a^2+x^2})]$

【例 2-41】 $y=f\left(\dfrac{3x-2}{3x+2}\right)$，$f'(x)=\arcsin x^2$，求 $\left.\dfrac{dy}{dx}\right|_{x=0}$.

解： $y'=f'\left(\dfrac{3x-2}{3x+2}\right)\cdot\dfrac{3(3x+2)-3(3x-2)}{(3x+2)^2}$

$=f'\left(\dfrac{3x-2}{3x+2}\right)\cdot\dfrac{12}{(3x+2)^2}$

$=\arcsin\left(\dfrac{3x-2}{3x+2}\right)^2\cdot\dfrac{12}{(3x+2)^2}$

$\left.\dfrac{dy}{dx}\right|_{x=0}=3\arcsin 1=\dfrac{3\pi}{2}$

【例 2-42】 设 $x=x(t)$，$y=y(t)$，由方程组 $\begin{cases}x=te^t\\ e^t+e^y=2e\end{cases}$ 求 $\dfrac{dy}{dx}$.

解： 由 $e^t+e^y=2e$，得

$$e^t+e^y\cdot y'=0,\ y'=-\frac{e^t}{e^y}$$

$$\frac{dy}{dx}=\frac{y'_t}{x'_t}=\frac{-\frac{e^t}{e^y}}{e^t+te^t}=\frac{-\frac{1}{e^y}}{1+t}$$

$$=-\frac{1}{(2e-e^t)(1+t)}$$

$$=\frac{1}{(t+1)(e^t-2e)}$$

【例 2-43】 设 $x=y^2+y$，$u=(x^2+x)^{\frac{3}{2}}$，求$\frac{dy}{du}$.

解： $x=y^2+y$，

两边对 x 求导，得

$$2yy'_x+y'_x=1,\ y'_x=\frac{1}{2y+1}$$

$$u=(x^2+x)^{\frac{3}{2}},$$

两边 u 求导，得

$$\frac{3}{2}(x^2+x)^{\frac{1}{2}}(2xx'_u+x'_u)=1$$

$$x'_u=\frac{1}{\frac{3}{2}(x^2+x)^{\frac{1}{2}}\cdot(2x+1)}$$，则

$$\frac{dy}{du}=\frac{dy}{dx}\cdot\frac{dx}{du}=\frac{1}{2y+1}\cdot\frac{1}{\frac{3}{2}(x^2+x)^{\frac{1}{2}}\cdot(2x+1)}$$

$$=\frac{2}{3(2x+1)(2y+1)\sqrt{x^2+x}}$$

【例 2-44】 已知 $f(x)=\begin{cases}\frac{x}{1+e^{\frac{1}{x}}}, & x\neq0\\ 0, & x=0\end{cases}$ 求 $f'(x)$.

解： $f'_-(0)=\lim\limits_{x\to0^-}\frac{f(x)}{x}=\lim\limits_{x\to0^-}\frac{1}{1+e^{\frac{1}{x}}}=1$

$$f'_+(0)=\lim_{x\to0^+}\frac{f(x)}{x}=\lim_{x\to0^+}\frac{1}{1+e^{\frac{1}{x}}}=0$$

$f'(0)$不存在

当 $x\neq0$ 时，$f'(x)=\left(\frac{x}{1+e^{\frac{1}{x}}}\right)'=\frac{1+e^{\frac{1}{x}}-xe^{\frac{1}{x}}\left(-\frac{1}{x^2}\right)}{(1+e^{\frac{1}{x}})^2}$

$$=\frac{1+e^{\frac{1}{x}}+\frac{1}{x}\cdot e^{\frac{1}{x}}}{(1+e^{\frac{1}{x}})^2}$$

因此 $f'(x)=\begin{cases}\frac{1+e^{\frac{1}{x}}+\frac{1}{x}\cdot e^{\frac{1}{x}}}{(1+e^{\frac{1}{x}})^2}, & x\neq0\\ \nexists, & x=0\end{cases}$

【例 2-45】 设$f(x)$有连续的二阶导数，且 $f(0)=0$，证明 $g(x)=\begin{cases}\frac{f(x)}{x}, & x\neq0\\ f'(0), & x=0\end{cases}$可导且

导函数连续.

证明： $g'(0)=\lim\limits_{x\to 0}\dfrac{\dfrac{f(x)}{x}-f'(0)}{x}=\lim\limits_{x\to 0}\dfrac{f(x)-f'(0)x}{x^2}$

$$=\lim_{x\to 0}\frac{f'(x)-f'(0)}{2x}=\frac{1}{2}f''(0)$$

$$g'(x)=\begin{cases}\dfrac{xf'(x)-f(x)}{x^2}, & x\neq 0\\ \dfrac{1}{2}f''(0), & x=0\end{cases}$$

$$\lim_{x\to 0}g'(x)=\lim_{x\to 0}\frac{xf'(x)-f(x)}{x^2}=\lim_{x\to 0}\frac{f'(x)+xf''(x)-f'(x)}{2x}$$

$$=\frac{1}{2}f''(0)=g'(0)$$

因此，$g(x)$可导且导函数连续.

【例 2-46】 设$f(x)=\lim\limits_{n\to\infty}\dfrac{x^2\mathrm{e}^{n(x-1)}+ax+b}{1+\mathrm{e}^{n(x-1)}}$，求$f(x)$并讨论$f(x)$的连续性与可导性.

解： $f(x)=\lim\limits_{n\to\infty}\dfrac{x^2\mathrm{e}^{n(x-1)}+ax+b}{1+\mathrm{e}^{n(x-1)}}=\begin{cases}ax+b, & x<1\\ x^2, & x>1\\ \dfrac{1}{2}(a+b+1), & x=1\end{cases}$

$$\lim_{x\to 1^-}f(x)=\lim_{x\to 1^-}(ax+b)=a+b$$

$$\lim_{x\to 1^+}f(x)=\lim_{x\to 1^+}x^2=1$$

$f(1)=\dfrac{1}{2}(a+b+1)$，得 $a+b=1$

$$f'_-(1)=\lim_{x\to 1^-}\frac{ax+b-\frac{1}{2}(a+b+1)}{x-1}=\lim_{x\to 1^-}\frac{ax+b-a-b}{x-1}$$

$$=\lim_{x\to 1^-}\frac{a(x-1)}{x-1}=a$$

$f'_+(1)=\lim\limits_{x\to 1^+}\dfrac{x^2-1}{x-1}=\lim\limits_{x\to 1^+}(x+1)=2$，得 $a=2$

因此，当 $a=2$，$b=-1$ 时，$f(x)$连续且可导.

练 习 题 2

1. 填空题.

（1）设函数$f(x)=x^2$，则$\lim\limits_{x\to 2}\dfrac{f(x)-f(2)}{x-2}=$________.

（2）设$f(x)$在点$x=x_0$处可导，则$\lim\limits_{h\to 0}\dfrac{f(x_0)-f(x_0-h)}{h}=$________.

(3) 设$f(x)$在点$x=0$处可导，且$f(0)=0$，则$\lim\limits_{x\to0}\frac{f(x)}{x}=$________.

(4) 设$f(x)=e^{\sin x}$，则$\lim\limits_{\Delta x\to0}\frac{f(\pi+\Delta x)-f(\pi)}{\Delta x}=$________.

(5) 曲线$y=\ln(1+x)$在点$(0,0)$处的切线方程是________法线方程是________.

(6) 设$y=\frac{\ln x}{x}$，则$y'\Big|_{x=1}=$________，$y''\Big|_{x=1}=$________.

(7) 曲线$y=ax^2+b$上点$(1,2)$处的切线斜率为1，则$a=$________，$b=$________.

(8) 设$f(x)=\ln\frac{1}{x}-\ln2$，则$f'(x)=$________.

(9) 设$f(x)=\frac{\ln x}{2-\ln x}$，则$f'(1)=$________.

(10) 设$f\left(\frac{1}{x}\right)=x$，则$f'(x)=$________.

(11) 已知方程$x^2+y^2=e$确定函数$y=y(x)$，则$\frac{dx}{dy}=$________.

(12) 曲线$y=e^x-3\sin x+1$在点$(0,2)$处的切线方程是________.

(13) 曲线$y=ax^2+bx$在点$(1,2)$处的切线倾角为$\frac{\pi}{4}$，则$a=$________，$b=$________.

(14) 设$f'(\cos^2x)=\sin^2x$，且$f(0)=0$，则$f(x)=$________.

(15) 设$f(x)=x(x-1)(x-2)\cdots(x-100)$，则$f'(0)=$________.

(16) 设$y^{(n-2)}=a^x+x^a+a^a$，$0<a\neq1$，则$y^{(n)}=$________.

2. 单选题.

(1) 设函数$f(x)=\begin{cases}x^2, & x\geqslant0\\ \sin x, & x<0\end{cases}$，则$f(x)$在点$x=0$处的导数是(　　).

A. 0　　B. 1　　C. 2　　D. 不存在

(2) 设函数$f(x)=\begin{cases}x^2-1, & 0\leqslant x\leqslant1\\ ax+b, & 1<x\leqslant2\end{cases}$，在点$x=1$处可导，则(　　).

A. $a=2$，$b=-2$　　B. $a=-2$，$b=2$

C. $a=2$，$b=2$　　D. $a=-2$，$b=-2$

(3) 设$f(x)=\begin{cases}x^2\sin\frac{1}{x}, & x\neq0\\ 0, & x=0\end{cases}$，则$f(x)$在点$x=0$处(　　).

A. 不连续　　B. 连续，不可导

C. 可导且$f'(0)=0$　　D. 可导且$f'(0)=1$

(4) 设$f(x+2)=e^x$，则$f'(x)=$(　　).

A. e^{x-2}　　B. e^{x+2}　　C. e^x　　D. e^x-2

(5) 设$y=e^x+e^{-x}$，则$y''=$(　　).

A. e^x+e^{-x}　　B. e^x-e^{-x}　　C. $-e^{-x}-e^x$　　D. $-e^x+e^{-x}$

3. 求下列函数的导数.

(1) $y=\sqrt{x\sqrt{x}}$　　(2) $y=\frac{x}{\sqrt{1-x^2}}$

（3）$y=e^{\sin^2 x}$　　（4）$y=\sqrt{1+\sqrt{\ln x}}$

（5）$y=\arccos\sqrt{x}$　　（6）$y=\arctan\dfrac{2x}{1-x^2}$

4. 求由下列方程确定的隐函数的导数.

（1）$e^y-e^x+xy=0$　　（2）$x^3+y^3-3axy=0$

（3）$y=\sin(x+y)$　　（4）$e^{-y}-e^{-x}=\tan xy$

5. 求由下列参数方程确定的函数的导数.

（1）$\begin{cases}x=at+b\\ y=\dfrac{1}{2}at^2\end{cases}$　　（2）$\begin{cases}x=\dfrac{1}{1+t}\\ y=\dfrac{t}{1+t}\end{cases}$

（3）$\begin{cases}x=1-t^2\\ y=t-t^3\end{cases}$　　（4）$\begin{cases}x=\ln(1+t^2)\\ y=t-\arctan t\end{cases}$

6. 求下列函数的二阶导数.

（1）$y=e^{3x-1}$　　（2）$y=x\cos x$

（3）$y=xe^{x^2}$　　（4）$y=\sqrt{x^2-1}$

7. 求下列函数的 n 阶导数.

（1）$y=xe^x$　　（2）$y=\sin^2 x$

（3）$y=x\ln x$　　（4）$y=\dfrac{1}{x^2-3x+2}$

8. 设 $f(x)=\ln\dfrac{1}{1-x}$，求 $f^{(n)}(0)$.

9. 求下列函数的微分.

（1）$y=[\ln(1-x)]^2$　　（2）$y=\tan^2(1+2x^2)$

（3）$y=5^{\ln\tan x}$　　（4）$y^2+\ln y=x^4$

10. 设 $y^2f(x)+xf(y)=x^2$，$f(x)$是可微函数，求 dy.

11. 证明可导的偶函数，其导函数为奇函数；可导的奇函数，其导函数为偶函数.

12. 设 $f(x)=(x-1)\varphi(x)$，$\varphi(x)$在点 $x=1$ 处连续，证明：$f(x)$在点 $x=1$ 处可导.

13. 设 $f(x)$可导，且 $F(x)=f(x^2-1)+f(1-x^2)$，证明：$F'(1)=F'(-1)$.

14. 设 $y=y(x)$由方程 $xy-\ln y=1$ 所确定，证明：y 满足方程 $y^2+(xy-1)\dfrac{dy}{dx}=0$.

15. 设 $f(x)$对任意的 x_1，x_2都有 $f(x_1+x_2)=f(x_1)f(x_2)$，且 $f'(0)=1$.

证明：$f'(x)=f(x)$.

16. 设 $f(x)$在 R 内有定义，对任意的 x_1，$x_2(x_1\neq x_2)$，恒有 $|f(x_1)-f(x_2)|\leqslant(x_2-x_1)^2$，证明：$f(x)$在 R 内可导且 $f(x)$为常数.

17. 设 $f(x)$在 R 内对任意的 x，y 都有 $f(x+y)=f(x)e^y+f(y)e^x$.

证明：如果 $f(x)$在点 $x=0$ 处可导，则 $f(x)$在 R 上也可导.

第3章　导数的应用

3.1　内 容 概 要

3.1.1　中值定理

1. 罗尔定理

如果函数$f(x)$满足，闭区间$[a,b]$上连续，开区间(a,b)内可导，区间$[a,b]$的端点处函数值相等，即$f(a)=f(b)$，则在(a,b)内至少存在一点ξ，使$f'(\xi)=0$.

2. 罗尔定理的几何意义

如果连续曲线除端点外，处处都有不垂直于Ox轴的切线，且两端点的纵坐标相等，则曲线上至少有一条平行于Ox轴的切线，曲线的最高点或最低点处的切线是水平的，即函数$f(x)$取极大值或极小值的点处，函数的导数为零.

3. 拉格朗日定理

如果函数$f(x)$满足，闭区间$[a,b]$上连续，开区间(a,b)内可导，则(a,b)内至少存在一点ξ，使$f'(\xi)=\dfrac{f(b)-f(a)}{b-a}$.

4. 拉格朗日定理的几何意义

如果连续曲线除端点外，处处都有不垂直于Ox轴的切线，则在该曲线上至少有这样一个点存在，在该点处曲线的切线平行于连接两端点的直线.

由以上分析可知，拉格朗日定理是罗尔定理的推广，罗尔定理是拉格朗日定理的特殊情形，罗尔定理和拉格朗日定理中的点ξ都是区间(a,b)中的某一值，因此都称为微分中值定理.

如果在开区间(a,b)内，恒有$f'(x)=0$，则$f(x)$在(a,b)内是一常数.

3.1.2　洛必达法则

1. 洛必达法则

设函数$f(x)$与$g(x)$满足条件:

(1) $\lim\limits_{x\to a}f(x)=\lim\limits_{x\to a}g(x)=0$.

(2) 在点a的某个空心邻域内，$f'(x)$与$g'(x)$都存在，且$g'(x)\neq 0$.

(3) $\lim\limits_{x\to a}\dfrac{f'(x)}{g'(x)}=A$，(或$\infty$).

则有　$\lim\limits_{x\to a}\dfrac{f(x)}{g(x)}=\lim\limits_{x\to a}\dfrac{f'(x)}{g'(x)}=A$，(或$\infty$).

2. 洛必达法则要点

(1) 若$x\to\infty$时，$\lim\limits_{x\to\infty}f(x)=\lim\limits_{x\to\infty}g(x)=0$或$\lim\limits_{x\to\infty}f(x)=\lim\limits_{x\to\infty}g(x)=\infty$，定理其他条件不

变，结论仍成立.

（2）若 $\lim\limits_{\substack{x\to a\\(x\to\infty)}}\dfrac{f'(x)}{g'(x)}$ 是 $\dfrac{0}{0}$ 型或 $\dfrac{\infty}{\infty}$ 型未定式，且 $f'(x)$，$g'(x)$ 满足定理条件，则可继续使用洛必达法则，即 $\lim\limits_{\substack{x\to a\\(x\to\infty)}}\dfrac{f(x)}{g(x)}=\lim\limits_{\substack{x\to a\\(x\to\infty)}}\dfrac{f'(x)}{g'(x)}=\lim\limits_{\substack{x\to a\\(x\to\infty)}}\dfrac{f''(x)}{g''(x)}=\cdots$.

3. 其他类型未定式

对于 $0\cdot\infty$，$\infty-\infty$，1^{∞}，0^0，∞^0 型未定式，可通过恒等变形转化为 $\dfrac{0}{0}$ 或 $\dfrac{\infty}{\infty}$ 型未定式，再利用洛必达法则求解.

3.1.3　函数的单调性与极值

1. 函数单调性的判别法

设函数 $y=f(x)$ 在闭区间 $[a,b]$ 上连续，在开区间 (a,b) 内可导：

（1）如果在开区间 (a,b) 内 $f'(x)>0$，则函数 $y=f(x)$ 在闭区间 $[a,b]$ 上单调增加.

（2）如果在开区间 (a,b) 内 $f'(x)<0$，则函数 $y=f(x)$ 在闭区间 $[a,b]$ 上单调减少.

2. 确定函数 $f(x)$ 的单调区间

（1）确定函数的定义域.

（2）求函数的一阶导数 $f'(x)$.

（3）令 $f'(x)=0$，解出 x 值，同时求出 $f'(x)$ 不存在的点.

（4）用 $f'(x)=0$ 及 $f'(x)$ 不存在的点 x 值划分定义域，得到若干子区间，列表讨论 $f'(x)$ 在各个子区间内的符号，确定函数的单调区间.

3. 函数极值的定义

设函数 $y=f(x)$ 在 x_0 的某邻域内有定义，对于该邻域内的任一点 $x(x\neq x_0)$ 恒有 $f(x_0)>f(x)$，则称 $f(x_0)$ 为函数 $f(x)$ 的极大值，x_0 称为 $f(x)$ 的极大值点；$f(x_0)<f(x)$，则称 $f(x_0)$ 为函数 $f(x)$ 的极小值，x_0 称为 $f(x)$ 的极小值点. 函数的极大值、极小值统称为极值，极大值点、极小值点统称为极值点.

$f(x_0)$ 是极大值，只是与 x_0 附近点 x 的函数值 $f(x)$ 相比较，对于整个定义区间而言，$f(x_0)$ 不一定是最大值，也可能出现极大值小于这个函数另一点处的极小值，同样极小值也有这个特性.

4. 极值的必要条件

设函数 $y=f(x)$ 在点 x_0 处可导，且在 x_0 点取得极值，则必有 $f'(x_0)=0$.

导数 $f'(x_0)=0$ 的点 x_0 称为函数 $f(x)$ 的驻点，上述定理说明，可导函数的极值点必是驻点，反之，函数的驻点不一定是极值点.

驻点和一阶不可导点都是可能的极值点，只要在这两种点中，判定函数 $f(x)$ 的极值点即可.

5. 极值的充分条件

设函数 $f(x)$ 在 x_0 的某邻域内可导，且 x_0 为 $f(x)$ 的驻点或不可导点：

（1）当 $x<x_0$ 时，$f'(x)>0$，当 $x>x_0$ 时，$f'(x)<0$，则 $f(x_0)$ 为函数 $f(x)$ 的极大值.

（2）当 $x<x_0$ 时，$f'(x)<0$，当 $x>x_0$ 时，$f'(x)>0$，则 $f(x_0)$ 为函数 $f(x)$ 的极小值.

（3）当 $x<x_0$ 与 $x>x_0$ 时，$f'(x)$ 不变号，则 $f(x_0)$ 不是函数 $f(x)$ 的极值，x_0 不是极值点.

6. 求函数 $f(x)$ 的极值

（1）确定函数的定义域.

（2）求出函数的一阶导数 $f'(x)$.

（3）求出 $f(x)$ 的驻点和不可导点.

（4）以上述各点为分点，由小到大将定义域分为若干个子区间，讨论每个子区间上 $f'(x)$ 的符号，由驻点和不可导点两侧导数变号，找到极值点.

（5）求出各极值点处的函数值，就得到函数 $f(x)$ 的极值.

3.1.4 函数的最大值与最小值

1. 函数在闭区间 $[a,b]$ 上的最大值与最小值

如果函数 $f(x)$ 在闭区间 $[a,b]$ 上连续，则 $f(x)$ 在闭区间 $[a,b]$ 上一定有最大值或最小值，$f(x)$ 取得最大值或最小值有两种可能：

（1）在闭区间的端点取得，$f(a)$ 或 $f(b)$.

（2）在开区间 (a,b) 内取得，这时最大值或最小值显然也是 $f(x)$ 的一个极大值或极小值.

2. 求函数 $f(x)$ 在闭区间 $[a,b]$ 上的最大值与最小值

（1）求出 $f(x)$ 在区间 (a,b) 内的全部驻点和导数不存在的点，并求出这些点和区间端点的函数值.

（2）比较上述函数值，其中最大者为 $f(x)$ 在 $[a,b]$ 上的最大值，最小者为 $f(x)$ 在 $[a,b]$ 上的最小值.

3.1.5 曲线的凹凸性与拐点

1. 曲线的凹凸性

（1）如果某区间内的曲线弧都位于其任意一点切线的上方，则称曲线弧在该区间内上凹.

如果某区间内的曲线弧都位于其任意一点切线的下方，则称曲线弧在该区间内下凹.

（2）设函数 $y=f(x)$ 在区间 (a,b) 内有二阶导数 $f''(x)$：

在区间 (a,b) 内，$f''(x)>0$，则曲线 $f(x)$ 在区间 (a,b) 内是上凹的.

在区间 (a,b) 内，$f''(x)<0$，则曲线 $f(x)$ 在区间 (a,b) 内是下凹的.

（3）当 $f''(x)>0$ 时，$f'(x)$ 单调增加，曲线 $f(x)$ 的切线斜率 $\tan\alpha$ 由负变正，$f(x)$ 的曲线上凹，当 $f''(x)<0$ 时，$f'(x)$ 单调减少，曲线 $f(x)$ 的切线斜率 $\tan\alpha$ 由正变负，$f(x)$ 的曲线下凹.

2. 拐点的必要条件

连续曲线上凹与下凹的分界点叫作曲线的拐点．若函数 $y=f(x)$ 在 x_0 具有二阶导数，且点 (x_0,y_0) 是曲线的拐点，则 $f''(x_0)=0$；若 $f''(x_0)=0$，点 (x_0,y_0) 不一定是曲线的拐点.

3. 求曲线的拐点

（1）确定函数的定义域.

（2）求二阶导数 $f''(x)$.

（3）令 $f''(x)=0$，求出二阶导数为零的点及二阶导数不存在的点.

（4）以上述点作为分界点，将函数的定义域分为若干个小区间，并确定 $f''(x)$ 在各小区间内的符号，确定凹凸区间和拐点.

3.1.6　函数图形的描绘

1. 曲线的渐近线

（1）若曲线 $y=f(x)$ 上的点沿曲线趋向无穷远时，它与某直线的距离趋近于零，则称该直线为曲线的渐近线.

（2）水平渐近线. 当自变量 $x\to\infty$（或 $x\to-\infty$，$x\to+\infty$）时，函数 $f(x)$ 以常量 b 为极限，即 $\lim\limits_{x\to\infty}f(x)=b$ 则称直线 $y=b$ 为曲线的水平渐近线.

（3）垂直渐近线. 当自变量 $x\to a$（或 $x\to a^-$，$x\to a^+$）时，函数 $f(x)$ 为无穷大量，即 $\lim\limits_{x\to a}f(x)=\infty$，则称直线 $x=a$ 为曲线的垂直渐近线.

（4）若函数的定义域为有限区间，则无水平渐近线，若函数在 $(-\infty,+\infty)$ 内连续，则无垂直渐近线.

2. 函数图形的描绘

确定函数的定义域，讨论函数的奇偶性和周期性，求 $f'(x)$ 和 $f''(x)$，解出 $f'(x)=0$ 和 $f''(x)=0$ 在函数定义域内的全部实根，将函数的定义域划分为若干个子区间，列表讨论 $f'(x)$ 和 $f''(x)$ 的符号，确定函数的单调性和极值，曲线的凹凸性和拐点，讨论曲线的渐近线，求出曲线的特殊点，综合上述各点作出函数图形.

3.2　重要题型及解题方法

3.2.1　验证罗尔定理与拉格朗日定理

【解题方法】

（1）验证函数在给定区间上的连续性和可导性.

（2）如果函数在给定区间上满足罗尔定理或拉格朗日定理的条件，可由方程 $f'(\xi)=0$，或 $f'(\xi)=\dfrac{f(b)-f(a)}{b-a}$ 解出 ξ 的值.

【例 3-1】 验证函数 $f(x)=x^2+2$ 在区间 $[-1,1]$ 上满足罗尔定理的条件，并求出点 ξ，使 $f'(\xi)=0$.

解： 显然 $f(x)=x^2+2$ 在区间 $[-1,1]$ 上连续，$(-1,1)$ 内可导，且 $f(-1)=f(1)=3$，满足罗尔定理的条件，由 $f'(x)=2x$，得 $2\xi=0$，$\xi=0(-1<\xi<1)$.

【例 3-2】 验证函数 $f(x)=e^x$ 在区间 $[0,1]$ 上满足拉格朗日定理的条件，并求出点 ξ，使 $f'(\xi)=\dfrac{f(1)-f(0)}{1-0}$.

解： 显然 $f(x)=e^x$ 在区间 $[0,1]$ 上连续，在 $(0,1)$ 内可导，且 $f'(x)=e^x$，函数 $f(x)=$

e^x在区间$[0,1]$上满足拉格朗日定理的条件，$\frac{f(1)-f(0)}{1-0}=f'(\xi)$，即$e-1=e^{\xi}$，$\xi=\ln(e-1)$，$(0<\ln(e-1)<1)$.

3.2.2 利用罗尔定理证明根的存在性

【解题方法】

（1）用罗尔定理证明$f'(x)=0$在某区间上至少存在一个根.

（2）利用函数的单调性证明$f'(x)=0$最多只有一个根.

（3）利用定理n次方程至多有n个实根确定方程中实根的个数.

【例3-3】不求出$f(x)=x(x-2)(x-5)(x-7)$的导数，说明方程$f'(x)=0$有几个实根，并指出实根所在区间.

解：$f(x)$在区间$[0,2]$，$[2,5]$，$[5,7]$上满足罗尔定理的条件，至少存在ξ_1，ξ_2，ξ_3，使$f'(\xi_1)=0$，$f'(\xi_2)=0$，$f'(\xi_3)=0$，其中$\xi_1\in(0,2)$，$\xi_2\in(2,5)$，$\xi_3\in(5,7)$，$f'(\xi)=0$至少存在三个实根且至多有三个实根，因此ξ_1，ξ_2，ξ_3就是它的三个实根.

3.2.3 利用拉格朗日定理证明不等式

【解题方法】

（1）选择适当的辅助函数$f(x)$及相应区间$[a,b]$，由拉格朗日定理得

$$f(b)-f(a)=f'(\xi)(b-a),\ a<\xi<b$$

（2）估计$f'(\xi)$的大小，适当放大缩小不等式，使$m\leqslant f'(\xi)\leqslant M$，得不等式

$$m(b-a)\leqslant f(b)-f(a)\leqslant M(b-a)$$

【例3-4】证明：当$x>0$时，$e^x>1+x$.

证明：作辅助函数$f(x)=e^x$，则$f(x)$在区间$[0,x]$上满足拉格朗日定理的条件，

$$f(x)-f(0)=f'(\xi)(x-0),\ 0<\xi<x$$

得　$e^x-1=e^{\xi}x$

当　$0<\xi<x$时，$1<e^{\xi}<e^x$，$e^x-1=e^{\xi}x>x$

即　$e^x-1>x$，$x>0$

因此　$e^x>1+x$，$x>0$.

【例3-5】证明：当$x>0$时，$\frac{x}{1+x}<\ln(1+x)<x$.

证明：作辅助函数$f(x)=\ln x$，则$f(x)$在区间$[1,1+x]$上满足拉格朗日定理条件，

$$f(1+x)-f(1)=f'(\xi)(1+x-1)$$

$$\ln(1+x)-\ln1=\frac{1}{\xi}\cdot x$$

$$\frac{\ln(1+x)}{x}=\frac{1}{\xi}$$

由　$1<\xi<1+x$，得　$\frac{1}{1+x}<\frac{1}{\xi}<1$

即　$\frac{1}{1+x}<\frac{\ln(1+x)}{x}<1$

因此　$\frac{x}{1+x}<\ln(1+x)<x,\ x>0$

3.2.4　利用函数的单调性证明不等式

【解题方法】

（1）利用函数的单调性证明不等式，先构造辅助函数 $f(x)$，将要证明的不等式右端全部移到左端再令左端为 $f(x)$，确定相应的讨论区间 $[a,b]$.

（2）若 $f'(x)>0$，则有不等式 $f(a)<f(x)<f(b)$，若 $f'(x)<0$，则有不等式 $f(b)<f(x)<f(a)$.

【例 3-6】 证明：当 $x\geqslant0$ 时，$x\geqslant\arctan x$.

证明： 令 $f(x)=x-\arctan x$

$$f'(x)=1-\frac{1}{1+x^2}=\frac{x^2}{1+x^2}\geqslant0,\ x\geqslant0$$

$f(x)$ 在区间 $[0,+\infty)$ 上为单调增加函数，

$$f(x)\geqslant f(0)=0,\ x\geqslant0$$

得　$x-\arctan x\geqslant0$

即　$x\geqslant\arctan x,\ x\geqslant0$

【例 3-7】 证明：当 $x>0$ 时，$e^x>1+x$.

证明： 作辅助函数 $f(x)=e^x-1-x$，则 $f'(x)=e^x-1>0$，$x>0$，$f(x)$ 在区间 $[0,+\infty)$ 上单调增加

得　$f(x)>f(0)=0$

即　$e^x-1-x>0$

因此　$e^x>1+x,\ x>0$

3.2.5　用洛必达法则求未定式的极限

【解题方法】

（1）应用洛必达法则之前，要先判断所求极限是否为 $\frac{0}{0}$ 或 $\frac{\infty}{\infty}$ 型未定式.

（2）当 $\lim\frac{f'(x)}{g'(x)}$ 为 $\frac{0}{0}$ 或 $\frac{\infty}{\infty}$ 型未定式时，可继续使用洛必达法则，当 $\lim\frac{f'(x)}{g'(x)}$ 不存在时，只表明洛必达法则失效，不能说明 $\lim\frac{f(x)}{g(x)}$ 不存在，应改用其他方法求极限.

（3）每次使用洛必达法则之前要将所求极限式化简.

（4）洛必达法则与无穷小的等价替换及其他求极限的方法配合使用，可简化计算.

【例 3-8】 求下列函数的极限.

（1）$\lim\limits_{x\to0}\frac{x-\sin x}{x^3}$　　（2）$\lim\limits_{x\to0}\frac{\ln(1+\sin x)}{x}$

（3）$\lim\limits_{x\to+\infty}\frac{x^2}{e^x}$　　（4）$\lim\limits_{x\to\frac{\pi}{2}}\frac{\tan x}{\tan3x}$

解：（1）$\lim\limits_{x\to0}\dfrac{x-\sin x}{x^3}=\lim\limits_{x\to0}\dfrac{1-\cos x}{3x^2}=\lim\limits_{x\to0}\dfrac{\sin x}{6x}=\dfrac{1}{6}$

（2）$\lim\limits_{x\to0}\dfrac{\ln(1+\sin x)}{x}=\lim\limits_{x\to0}\dfrac{\cos x}{1+\sin x}=1$

（3）$\lim\limits_{x\to+\infty}\dfrac{x^2}{e^x}=\lim\limits_{x\to+\infty}\dfrac{2x}{e^x}=\lim\limits_{x\to+\infty}\dfrac{2}{e^x}=0$

（4）$\lim\limits_{x\to\frac{\pi}{2}}\dfrac{\tan x}{\tan 3x}=\lim\limits_{x\to\frac{\pi}{2}}\dfrac{\sin x\cdot\cos 3x}{\sin 3x\cdot\cos x}=\lim\limits_{x\to\frac{\pi}{2}}\dfrac{\sin x}{\sin 3x}\cdot\dfrac{\cos 3x}{\cos x}$

$$=-\lim_{x\to\frac{\pi}{2}}\frac{\cos 3x}{\cos x}=-\lim_{x\to\frac{\pi}{2}}\frac{-3\sin 3x}{-\sin x}=3$$

【例 3-9】 求下列函数的极限.

（1）$\lim\limits_{x\to0^+}x\ln x$　　（2）$\lim\limits_{x\to+\infty}x\left(\dfrac{\pi}{2}-\arctan x\right)$

（3）$\lim\limits_{x\to\infty}x(e^{\frac{1}{x}}-1)$　　（4）$\lim\limits_{x\to0}\left(\dfrac{1}{x}-\dfrac{1}{\sin x}\right)$

解：（1）$\lim\limits_{x\to0^+}x\ln x=\lim\limits_{x\to0^+}\dfrac{\ln x}{\frac{1}{x}}=\lim\limits_{x\to0^+}\dfrac{\frac{1}{x}}{-\frac{1}{x^2}}=\lim\limits_{x\to0^+}(-x)=0$

（2）$\lim\limits_{x\to+\infty}x\left(\dfrac{\pi}{2}-\arctan x\right)=\lim\limits_{x\to+\infty}\dfrac{\frac{\pi}{2}-\arctan x}{\frac{1}{x}}=\lim\limits_{x\to+\infty}\dfrac{-\frac{1}{1+x^2}}{-\frac{1}{x^2}}=\lim\limits_{x\to+\infty}\dfrac{x^2}{1+x^2}=1$

（3）$\lim\limits_{x\to\infty}x(e^{\frac{1}{x}}-1)=\lim\limits_{x\to\infty}\dfrac{e^{\frac{1}{x}}-1}{\frac{1}{x}}=\lim\limits_{x\to\infty}\dfrac{e^{\frac{1}{x}}\left(-\frac{1}{x^2}\right)}{-\frac{1}{x^2}}=\lim\limits_{x\to\infty}e^{\frac{1}{x}}=1$

（4）$\lim\limits_{x\to0}\left(\dfrac{1}{x}-\dfrac{1}{\sin x}\right)=\lim\limits_{x\to0}\dfrac{\sin x-x}{x\sin x}=\lim\limits_{x\to0}\dfrac{\cos x-1}{\sin x+x\cos x}=\lim\limits_{x\to0}\dfrac{-\sin x}{2\cos x-x\sin x}=0$

3.2.6 判定函数的单调性并求单调区间

【解题方法】

（1）求出$f'(x)=0$的点及$f'(x)$不存在的点.

（2）用驻点及不可导点将$f(x)$的定义域分成若干个子区间.

（3）在每个子区间上讨论$f'(x)$的符号，根据$f'(x)$的符号判定单调区间.

【例 3-10】 求下列函数的单调区间.

（1）$y=\dfrac{x^2}{1+x^2}$　　（2）$y=(x-1)x^{\frac{2}{3}}$

解：（1）$y'=\dfrac{2x(1+x^2)-x^2\cdot2x}{(1+x^2)^2}=\dfrac{2x}{(1+x^2)^2}$

令$y'=0$，得$x=0$，函数y的定义域$(-\infty,+\infty)$分成两个子区间$(-\infty,0)$，$(0,+\infty)$.

列表讨论

x	$(-\infty,0)$	0	$(0,+\infty)$
y'	$-$	0	$+$
y	↘		↗

当 $x<0$ 时，$y'<0$，当 $x>0$ 时，$y'>0$，因此，在 $(-\infty,0)$ 内函数单调减少，在 $(0,+\infty)$ 内函数单调增加.

（2）$y'=\frac{5}{3}x^{\frac{2}{3}}-\frac{2}{3}x^{-\frac{1}{3}}=\frac{5x-2}{3\cdot\sqrt[3]{x}}$

令 $y'=0$，得 $x=\frac{2}{5}$，当 $x=0$ 时，y'不存在，$x=0$，$x=\frac{2}{5}$ 分函数的定义域 $(-\infty,+\infty)$ 为三个子区间 $(-\infty,0)$，$\left(0,\frac{2}{5}\right)$，$\left(\frac{2}{5},+\infty\right)$.

列表讨论

x	$(-\infty,0)$	0	$\left(0,\frac{2}{5}\right)$	$\frac{2}{5}$	$\left(\frac{2}{5},+\infty\right)$
y'	$+$	不存在	$-$	0	$+$
y	↗		↘		↗

由上表可看出，在 $(-\infty,0)$，$\left(\frac{2}{5},+\infty\right)$ 内函数单调增加，在 $\left(0,\frac{2}{5}\right)$ 内函数单调减少.

3.2.7　求函数的极大值与极小值

【解题方法】

（1）求函数 $f(x)$ 的导数 $f'(x)$.

（2）在 $f(x)$ 的定义域内求出 $f'(x)=0$ 的点（驻点）及导数 $f'(x)$ 不存在的点.

（3）用驻点及不可导点将 $f(x)$ 的定义域分成若干个子区间.

（4）在每个子区间上讨论 $f'(x)$ 的符号，判定 $f(x)$ 的极值.

【例 3-11】 求下列函数的极值.

（1）$f(x)=2x^3-x^4$　　　　（2）$f(x)=x^2e^{-x^2}$

解：（1）$f'(x)=6x^2-4x^3=2x^2(3-2x)$

令 $f'(x)=0$ 得 $x=0$，$\frac{3}{2}$.

列表讨论

x	$(-\infty,0)$	0	$\left(0,\frac{3}{2}\right)$	$\frac{3}{2}$	$\left(\frac{3}{2},+\infty\right)$
$f'(x)$	+	0	+	0	−
$f(x)$	↗	无极值	↗	极大值	↘

由上表可得，$f\left(\frac{3}{2}\right)=\frac{27}{16}$为极大值，$f(0)=0$ 不是极值.

(2) $f'(x)=2xe^{-x^2}+x^2e^{-x^2}(-2x)=2xe^{-x^2}(1-x^2)$

令$f'(x)=0$，得 $x=-1$，0，1.

列表讨论

x	$(-\infty,-1)$	-1	$(-1,0)$	0	$(0,1)$	1	$(1,+\infty)$
$f'(x)$	+	0	−	0	+	0	−
$f(x)$	↗	极大值	↘	极小值	↗	极大值	↘

由上表可得，$f(0)=0$ 是极小值，$f(-1)=e^{-1}$，$f(1)=e^{-1}$是极大值.

3.2.8 求函数的最大值与最小值

【解题方法】

求区间$[a,b]$上连续函数 $y=f(x)$的最大值与最小值.

(1) 由$f'(x)=0$ 找出$f(x)$在区间(a,b)内的全部驻点和不可导点 x_1，x_2，…，x_n.

(2) 计算$f(x_1)$，$f(x_2)$，…，$f(x_n)$，$f(a)$，$f(b)$，其中最大者就是$f(x)$的最大值，最小者就是$f(x)$的最小值.

【例 3-12】 求函数$f(x)=\frac{x}{1+x^2}$在区间$[0,2]$上的最大值与最小值.

解： $f'(x)=\frac{(1-x)(1+x)}{(1+x^2)^2}$

令 $f'(x)=0$，得$(0,2)$内的驻点 $x=1$，且

$$f(1)=\frac{1}{2},\ f(0)=0,\ f(2)=\frac{2}{5}$$

则$f(x)$在区间$[0,2]$上的最大值为$f(1)=\frac{1}{2}$，最小值为$f(0)=0$.

3.2.9 求曲线的凹凸区间及拐点

【解题方法】

(1) 求函数$f(x)$的二阶导数$f''(x)$.

(2) 在$f(x)$的定义域内求出$f''(x)=0$ 的点及导数$f''(x)$不存在的点.

(3) 用$f''(x)=0$ 的点及$f''(x)$不存在的点将$f(x)$的定义域分成若干个小区间.

(4) 在每个小区间上讨论$f''(x)$的符号，根据$f''(x)$的符号判定$f(x)$的凹凸区间及拐点.

【例3-13】求曲线 $y=x^3+3x^2$ 的凹凸区间与拐点.

解：$y'=3x^2+6x$，$y''=6x+6=6(x+1)$

令 $y''=0$ 得 $x=-1$.

列表讨论

x	$(-\infty,-1)$	-1	$(-1,+\infty)$
y''	$-$	0	+
y	$\cap$	拐点$(-1,2)$	$\cup$

由上表可得，在区间$(-\infty,-1)$内曲线下凹，在区间$(-1,+\infty)$内曲线上凹，点$(-1,2)$为曲线的拐点.

【例3-14】求曲线 $y=\dfrac{x}{1-x^2}$ 的凹凸区间与拐点.

解：$y'=\dfrac{1+x^2}{(1-x^2)^2}$

$$y''=\frac{2x(1-x^2)^2-(1+x^2)\cdot 2(1-x^2)\cdot(-2x)}{(1-x^2)^4}=\frac{2x(3+x^2)}{(1-x^2)^3}$$

令　$y''=0$，得 $x=0$，当 $x=-1$，1 时，y''不存在.

列表讨论

x	$(-\infty,-1)$	-1	$(-1,0)$	0	$(0,1)$	1	$(1,+\infty)$
y''	+	不存在	$-$	0	+	不存在	$-$
y	$\cup$	不存在	$\cap$	拐点$(0,0)$	$\cup$	不存在	$\cap$

由上表可看出，在区间$(-\infty,-1)$和$(0,1)$内，曲线上凹；在区间$(-1,0)$和$(1,+\infty)$内，曲线下凹，点$(0,0)$为曲线的拐点.

3.2.10　求曲线的渐近线

【解题方法】

（1）水平渐近线：当 $x\to\infty$ 时，$f(x)$的极限存在且等于 b，即$\lim\limits_{x\to\infty}f(x)=b$ 则直线 $y=b$ 就是曲线的水平渐近线.

（2）垂直渐近线：当 $x\to a$ 时，$f(x)$的极限为无穷大，即$\lim\limits_{x\to a}f(x)=\infty$ 则直线 $x=a$ 就是曲线的垂直渐近线. 若 $x=a$ 是曲线的垂直渐近线，则点 a 一定是 $y=f(x)$的不连续点，因此，求曲线的垂直渐近线只需先找出 $f(x)$的不连续点 a，然后按定义验证 $x=a$ 是否为曲线的垂直渐近线.

【例3-15】求下列曲线的渐近线.

（1）$y=\dfrac{x}{x^2-1}$　　　　（2）$y=e^{-\frac{1}{x}}$

解：（1）$\lim\limits_{x\to\infty}\dfrac{x}{x^2-1}=0$，$y=0$ 是曲线的水平渐近线.

$\lim\limits_{x\to 1}\dfrac{x}{x^2-1}=\infty$，$\lim\limits_{x\to -1}\dfrac{x}{x^2-1}=\infty$，$x=-1$，$x=1$ 是曲线的垂直渐近线.

（2）$\lim\limits_{x\to\infty}e^{-\frac{1}{x}}=1$，$y=1$ 是曲线的水平渐近线.

$\lim\limits_{x\to 0^-}e^{-\frac{1}{x}}=+\infty$，$\lim\limits_{x\to 0^+}e^{-\frac{1}{x}}=0$，$x=0$ 是曲线的垂直渐近线.

3.2.11 函数图形的描绘

【解题方法】

（1）确定函数的定义域，讨论函数的奇偶性、周期性、渐近线.

（2）求出$f'(x)$，$f''(x)$，解出$f'(x)=0$ 和$f''(x)=0$ 在定义域内的全部实根，将函数的定义域分成若干个子区间.

（3）列表讨论$f'(x)$和$f''(x)$在每个子区间上的符号，确定函数的单调性和极值，曲线的凹凸性和拐点.

（4）综合上述各点作出函数的图形.

【例 3-16】 作函数 $y=\dfrac{x}{(x-1)^2}$的图形.

解： 函数定义域为$(-\infty,1)\cup(1,+\infty)$，则

$$y'=\frac{(x-1)^2-x\cdot 2(x-1)}{(x-1)^4}=-\frac{x+1}{(x-1)^3}$$

$$y''=-\frac{(x-1)^3-(x+1)\cdot 3(x-1)^2}{(x-1)^6}=\frac{2(x+2)}{(x-1)^4}$$

令 $y'=0$，$y''=0$，得 $x=-1$，$x=-2$.

列表讨论

x	$(-\infty,-2)$	-2	$(-2,-1)$	-1	$(-1,1)$	1	$(1,+\infty)$
y'	$-$	$-$	$-$	0	$+$	不存在	$-$
y''	$-$	0	$+$	$+$	$+$	不存在	$+$
y	↘	拐点	↘	极小值	↗	不存在	↘

极小值$f(-1)=-\dfrac{1}{4}$，拐点$\left(-2,-\dfrac{2}{9}\right)$，图形过点$(0,0)$.

$\lim\limits_{x\to\infty}\dfrac{x}{(x-1)^2}=0$，$y=0$ 是曲线的水平渐近线.

$\lim\limits_{x\to 1}\dfrac{x}{(x-1)^2}=+\infty$，$x=1$ 是曲线的垂直渐近线.

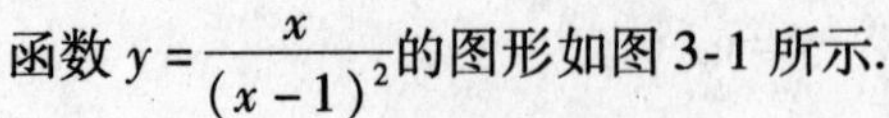

函数 $y=\dfrac{x}{(x-1)^2}$的图形如图 3-1 所示.

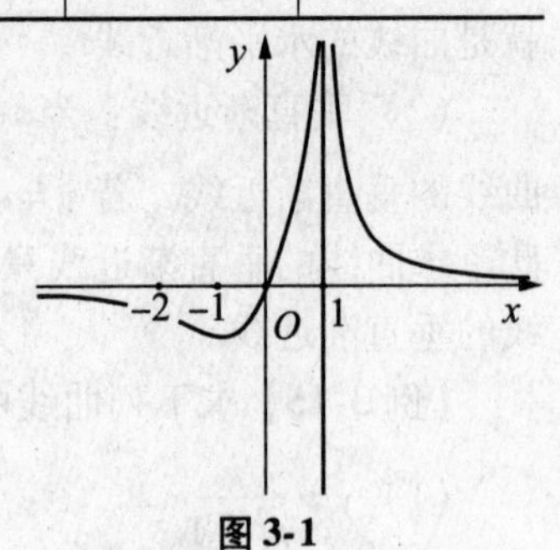

图 3-1

3.3　习题 3 解析

【例 3-17】若函数 $f(x)$ 在区间 (a,b) 内二阶可导，$f(x_1)=f(x_2)=f(x_3)$，其中 $a<x_1<x_2<x_3<b$，证明在区间 (x_1,x_3) 内至少存在一点 ξ，使得 $f''(\xi)=0$.

证明：函数 $f(x)$ 在区间 $[x_1,x_2]$，$[x_2,x_3]$ 上有

$$f(x_1)=f(x_2)=f(x_3)$$

由罗尔定理 知 $\exists\xi_1$，且 $x_1<\xi_1<x_2$，$\exists\xi_2$，且 $x_2<\xi_2<x_3$，使得

$$f'(\xi_1)=f'(\xi_2)=0$$

由罗尔定理 知 $\exists\xi$，且 $x_1<\xi_1<\xi<\xi_2<x_3$，因此，在区间 (x_1,x_3) 内至少存在一点 ξ，使得 $f''(\xi)=0$.

【例 3-18】证明不等式：当 $a>b>0$，$n>1$ 时，$nb^{n-1}(a-b)<a^n-b^n<na^{n-1}(a-b)$.

证明：设 $f(x)=x^n$，在区间 $[b,a]$ 上，应用拉格朗日定理，得

$$\frac{a^n-b^n}{a-b}=n\xi^{n-1},\ b<\xi<a,$$

$$b^{n-1}<\xi^{n-1}<a^{n-1},\ nb^{n-1}<n\xi^{n-1}<na^{n-1}$$

得 $nb^{n-1}<\dfrac{a^n-b^n}{a-b}<na^{n-1}$

即 $nb^{n-1}(a-b)<a^n-b^n<na^{n-1}(a-b)$

【例 3-19】证明：当 $x\geqslant0$ 时，$\arctan x\leqslant x$.

证明：设 $f(x)=\arctan x$，在 $[0,x]$ 上，由拉格朗日定理，知

$$\frac{\arctan x-\arctan 0}{x-0}=\frac{1}{1+\xi^2}\leqslant1,\ 0<\xi<x$$

得 $\dfrac{\arctan x}{x}\leqslant1$

即 $\arctan x\leqslant x$，$x\geqslant0$.

【例 3-20】证明不等式：当 $x>0$ 时，$\dfrac{x}{1+x}<\ln(1+x)<x$.

证明：设 $f(x)=\ln(1+x)$，在 $[0,x]$ 上，应用拉格朗日定理，得

$$\frac{\ln(1+x)-\ln(1+0)}{x-0}=\frac{1}{1+\xi},\ 0<\xi<x$$

$$\frac{\ln(1+x)}{x}=\frac{1}{1+\xi},\ \frac{1}{1+x}<\frac{1}{1+\xi}<1$$

即 $\dfrac{1}{1+x}<\dfrac{\ln(1+x)}{x}<1$

因此 $\dfrac{x}{1+x}<\ln(1+x)<x$，$x>0$

【例 3-21】用洛必达法则求下列极限.

(1) $\lim\limits_{x\to\frac{\pi}{2}}\dfrac{\tan x}{\tan 3x}$　　(2) $\lim\limits_{x\to+\infty}\dfrac{\ln\left(1+\dfrac{1}{x}\right)}{\operatorname{arccot}x}$

(3) $\lim\limits_{x\to a^+}\dfrac{\ln(x-a)}{\ln(e^x-e^a)}$ (4) $\lim\limits_{x\to 0^+}\left(\dfrac{1}{x}\right)^{\tan x}$

(5) $\lim\limits_{x\to 1}\left(\dfrac{x}{x-1}-\dfrac{1}{\ln x}\right)$ (6) $\lim\limits_{x\to+\infty}(\ln x)^{\frac{1}{x}}$

解：(1) $\lim\limits_{x\to\frac{\pi}{2}}\dfrac{\tan x}{\tan 3x}=\lim\limits_{x\to\frac{\pi}{2}}\dfrac{\sec^2 x}{3\sec^2 3x}=\lim\limits_{x\to\frac{\pi}{2}}\dfrac{1}{3}\cdot\dfrac{\cos^2 3x}{\cos^2 x}$

$$=\lim_{x\to\frac{\pi}{2}}\frac{1}{3}\cdot\frac{(-2)\cos 3x\cdot\sin 3x\cdot 3}{(-2)\cdot\cos x\cdot\sin x}=\lim_{x\to\frac{\pi}{2}}\frac{\sin 6x}{\sin 2x}=\lim_{x\to\frac{\pi}{2}}3\cdot\frac{\cos 6x}{\cos 2x}=3$$

(2) $\lim\limits_{x\to+\infty}\dfrac{\ln\left(1+\dfrac{1}{x}\right)}{\operatorname{arccot}x}=\lim\limits_{x\to+\infty}\dfrac{\ln\dfrac{1+x}{x}}{\operatorname{arccot}x}=\lim\limits_{x\to+\infty}\dfrac{\dfrac{x}{1+x}\cdot\left(-\dfrac{1}{x^2}\right)}{-\dfrac{1}{1+x^2}}=1$

(3) $\lim\limits_{x\to a^+}\dfrac{\ln(x-a)}{\ln(e^x-e^a)}=\lim\limits_{x\to a^+}\dfrac{\dfrac{1}{x-a}}{\dfrac{1}{e^x-e^a}\cdot e^x}=\lim\limits_{x\to a^+}\dfrac{\dfrac{e^x-e^a}{e^x}}{x-a}=\lim\limits_{x\to a^+}\dfrac{e^{2x}-(e^x-e^a)\cdot e^x}{e^{2x}}=1$

(4) $\lim\limits_{x\to 0^+}\left(\dfrac{1}{x}\right)^{\tan x}=\lim\limits_{x\to 0^+}e^{\tan x\ln\frac{1}{x}}$

$$\lim_{x\to 0^+}\tan x\cdot\ln\frac{1}{x}=\lim_{x\to 0^+}\frac{\ln\dfrac{1}{x}}{\cot x}=\lim_{x\to 0^+}\frac{x\cdot\left(-\dfrac{1}{x^2}\right)}{-\csc^2 x}=\lim_{x\to 0^+}\frac{-\dfrac{1}{x}}{-\dfrac{1}{\sin^2 x}}=0$$

$$\lim_{x\to 0^+}\left(\frac{1}{x}\right)^{\tan x}=e^0=1$$

(5) $\lim\limits_{x\to 1}\left(\dfrac{x}{x-1}-\dfrac{1}{\ln x}\right)=\lim\limits_{x\to 1}\dfrac{x\ln x-x+1}{(x-1)\ln x}=\lim\limits_{x\to 1}\dfrac{1+\ln x-1}{\ln x+(x-1)\cdot\dfrac{1}{x}}$

$$=\lim_{x\to 1}\frac{\ln x}{\ln x+1-\dfrac{1}{x}}=\lim_{x\to 1}\frac{\dfrac{1}{x}}{\dfrac{1}{x}+\dfrac{1}{x^2}}=\frac{1}{2}$$

(6) $\lim\limits_{x\to+\infty}(\ln x)^{\frac{1}{x}}=\lim\limits_{x\to+\infty}e^{\frac{1}{x}\ln\ln x}=\lim\limits_{x\to+\infty}e^{\frac{1}{\ln x}\cdot\frac{1}{x}}=e^0=1$

【**例 3-22**】求下列函数的单调区间.

(1) $f(x)=\dfrac{x^2}{1+x}$ (2) $f(x)=\dfrac{2}{3}x-(x-1)^{\frac{2}{3}}$

解：(1) $f(x)=\dfrac{x^2}{1+x}$定义域 $x\neq -1$

$$f'(x)=\frac{2x(1+x)-x^2}{(1+x)^2}=\frac{2x+x^2}{(1+x)^2}=\frac{x(x+2)}{(1+x)^2}$$

令 $f'(x)=0$，得 $x=-2$，0.

列表讨论

x	$(-\infty,-2)$	-2	$(-2,-1)$	-1	$(-1,0)$	0	$(0,+\infty)$
$f'(x)$	+	0	−	不存在	−	0	+
$f(x)$	↗		↘	不存在	↘		↗

(2) $f(x)=\frac{2}{3}x-(x-1)^{\frac{2}{3}}$, $f'(x)=\frac{2}{3}-\frac{2}{3}(x-1)^{-\frac{1}{3}}=\frac{2}{3}\left(1-\frac{1}{\sqrt[3]{x-1}}\right)$

令 $f'(x)=0$，得 $x=2$，

当 $x=1$ 时，$f'(1)$不存在，$f(1)=\frac{2}{3}$.

列表讨论

x	$(-\infty,1)$	1	$(1,2)$	2	$(2,+\infty)$
$f'(x)$	+	不存在	−	0	+
$f(x)$	↗		↘		↗

【例3-23】求下列函数的极值.

(1) $f(x)=2-(x-1)^{\frac{2}{3}}$　　　(2) $f(x)=\frac{1+3x}{\sqrt{4+5x^2}}$

解：(1) $f'(x)=-\frac{2}{3}(x-1)^{-\frac{1}{3}}=-\frac{2}{3\sqrt[3]{x-1}}$

当 $x=1$ 时，$f'(1)$不存在，$f(1)=2$.

列表讨论

x	$(-\infty,1)$	1	$(1,+\infty)$
$f'(x)$	+	不存在	−
$f(x)$	↗	极大值 $f(1)=2$	↘

$$(2)\ f'(x)=\frac{3\sqrt{4+5x^2}-(1+3x)\cdot\frac{5x}{\sqrt{4+5x^2}}}{4+5x^2}$$

$$=\frac{3(4+5x^2)-(1+3x)\cdot 5x}{(4+5x^2)^{\frac{3}{2}}}=\frac{12-5x}{(4+5x^2)^{\frac{3}{2}}}$$

令 $f'(x)=0$，得 $x=\frac{12}{5}$.

列表讨论

x	$\left(-\infty,\frac{12}{5}\right)$	$\frac{12}{5}$	$\left(\frac{12}{5},+\infty\right)$
$f'(x)$	+	0	-
$f(x)$	↗	极大值	↘

当 $x=\frac{12}{5}$时，函数的极大值为$f\left(\frac{12}{5}\right)=\frac{1}{10}\sqrt{205}$.

【例 3-24】 求下列函数在给定区间上的最大值和最小值.

(1) $f(x)=x+\sqrt{1-x}$, $[-5,1]$　　(2) $f(x)=\frac{x^2}{1+x}$, $\left[-\frac{1}{2},1\right]$

解：(1) $f'(x)=1+\frac{-1}{2\sqrt{1-x}}$，令$f'(x)=0$，$\frac{1}{2\sqrt{1-x}}=1$，得 $x=\frac{3}{4}$

$$f\left(\frac{3}{4}\right)=\frac{5}{4},\ f(1)=1,\ f(-5)=-5+\sqrt{6}$$

函数$f(x)$的最大值$f\left(\frac{3}{4}\right)=\frac{5}{4}$，最小值$f(-5)=-5+\sqrt{6}$.

(2) $f'(x)=\frac{2x(1+x)-x^2}{(1+x)^2}=\frac{2x+x^2}{(1+x)^2}$，令$f'(x)=0$ 得 $x=0$，-2（舍去）

$$f(0)=0,\ f(1)=\frac{1}{2},\ f\left(-\frac{1}{2}\right)=\frac{1}{2}$$

函数$f(x)$的最大值$f(1)=f\left(-\frac{1}{2}\right)=\frac{1}{2}$，最小值$f(0)=0$.

【例 3-25】 某铁路隧道的截面建成矩形加半圆的形状，截面积为 Am^2，问底宽 x 为多少时，才能使建筑时所用材料最省？

解：设矩形的长为 y，总长度为 L，则

$$xy+\frac{\pi}{2}\cdot\left(\frac{x}{2}\right)^2=A$$

$$y=\frac{A}{x}-\frac{\pi}{8}x$$

$$L=(x+2y)+\frac{\pi x}{2}=x+\frac{2A}{x}-\frac{\pi}{4}x+\frac{\pi x}{2}=x+\frac{2A}{x}+\frac{\pi}{4}x$$

令 $L'=0$，得

$$\frac{2A}{x^2}=1+\frac{\pi}{4},\ x^2=\frac{8A}{4+\pi},\ x=2\sqrt{\frac{2A}{4+\pi}}$$

因此，当底宽 $x=2\sqrt{\frac{2A}{4+\pi}}$时所用材料最省.

【例 3-26】 设某商品的需求函数 $Q=12\,000-80p$（其中 p 为商品单价，单位为元），商品的总成本函数 $C=25\,000+50Q$，每单位商品需交税 2 元，试求使销售利润最大的商品单价和最大利润.

解：利润 $L=Q\cdot(p-2)-C$

$$=(12\,000-80p)(p-2)-25\,000-50Q$$

$$= (12\,000 - 80p)(p-2) - 25\,000 - 50(12\,000 - 80p)$$
$$= 12\,000p - 80p^2 - 24\,000 + 160p - 25\,000 - 600\,000 + 4\,000p$$
$$L' = 12\,000 - 160p + 160 + 4\,000$$

令 $L' = 0$，得

$$p = \frac{1}{160}(12\,000 + 160 + 4\,000) = 101(\text{元})$$
$$L = 167\,080\ (\text{元})$$

因此，销售利润最大的商品单价是 101 元，最大利润是 167 080 元.

【例 3-27】 求下列曲线的凹凸区间和拐点.

（1）$y = e^{\arctan x}$　　　　（2）$y = x^4(12\ln x - 7)$

解：（1）$y = e^{\arctan x}$，$y' = e^{\arctan x}\dfrac{1}{1+x^2}$

$$y'' = e^{\arctan x}\frac{1}{(1+x^2)^2} + e^{\arctan x}\cdot\frac{-2x}{(1+x^2)^2} = e^{\arctan x}\frac{1}{(1+x^2)^2}\ (1-2x)$$

令 $y'' = 0$，得 $x = \dfrac{1}{2}$.

列表讨论

x	$\left(-\infty, \frac{1}{2}\right)$	$\frac{1}{2}$	$\left(\frac{1}{2}, +\infty\right)$
y''	+	0	−
y	∪	拐点$\left(\frac{1}{2}, e^{\arctan\frac{1}{2}}\right)$	∩

（2）$y = x^4(12\ln x - 7)$，$y' = 4x^3(12\ln x - 7) + 12x^3$

$$y'' = 12x^2(12\ln x - 7) + 4x^3\cdot\frac{12}{x} + 36x^2 = 144x^2\ln x$$

令 $y'' = 0$ 得 $x = 1$，$x > 0$.

列表讨论

x	$(0,1)$	1	$(1,+\infty)$
y''	−	0	+
y	∩	拐点$(1,-7)$	∪

【例 3-28】 已知曲线 $y = ax^3 + bx^2 + cx$ 有一拐点$(1,2)$，且在该拐点处切线斜率为 −1，试确定 a，b，c 的值.

解：$y' = 3ax^2 + 2bx + c$，$y'' = 6ax + 2b$

由题意得$\begin{cases} 3a + 2b + c = -1 \\ 6a + 2b = 0 \\ a + b + c = 2 \end{cases}$，即$\begin{cases} 3a = -b \\ a + b + c = 2 \\ b + c = -1 \end{cases}$

解得　$a=3$，$b=-9$，$c=8$.

【例 3-29】证明：曲线 $y=\frac{x-1}{x^2+1}$有位于同一直线上的三个拐点.

证明： $y'=\frac{x^2+1-(x-1)2x}{(x^2+1)^2}=\frac{1+2x-x^2}{(x^2+1)^2}$

$$y''=\frac{(2-2x)(x^2+1)^2-(1+2x-x^2)\cdot 2(x^2+1)\cdot 2x}{(x^2+1)^4}$$

$$=\frac{2(1-x)(x^2+1)-(1+2x-x^2)\cdot 4x}{(x^2+1)^3}=\frac{2(x^3-3x^2-3x+1)}{(x^2+1)^3}$$

$$=\frac{2(x+1)(x^2-4x+1)}{(x^2+1)^3}$$

令 $y''=0$ 得，$x=-1$，$2-\sqrt{3}$，$2+\sqrt{3}$.

列表讨论

x	$(-\infty,-1)$	-1	$(-1,2-\sqrt{3})$	$2-\sqrt{3}$	$(2-\sqrt{3},2+\sqrt{3})$	$2+\sqrt{3}$	$(2+\sqrt{3},+\infty)$
y''	$-$	0	$+$	0	$-$	0	$+$
y	$\cap$	拐点	$\cup$	拐点	$\cap$	拐点	$\cup$

当　$x=-1$，$2-\sqrt{3}$，$2+\sqrt{3}$时，

得　$y=-1$，$\frac{1-\sqrt{3}}{4(2-\sqrt{3})}$，$\frac{1+\sqrt{3}}{4(2+\sqrt{3})}$

则　$B(-1,-1)$，$A\left(2-\sqrt{3},\frac{1-\sqrt{3}}{4(2-\sqrt{3})}\right)$，$C\left(2+\sqrt{3},\frac{1+\sqrt{3}}{4(2+\sqrt{3})}\right)$

是曲线 $y=\frac{x-1}{x^2+1}$上的三个拐点.

$$k_{AB}=\frac{\frac{1-\sqrt{3}}{4(2-\sqrt{3})}+1}{2-\sqrt{3}+1}=\frac{9-5\sqrt{3}}{4(9-5\sqrt{3})}=\frac{1}{4},\ k_{BC}=\frac{\frac{1+\sqrt{3}}{4(2+\sqrt{3})}+1}{2+\sqrt{3}+1}=\frac{9+5\sqrt{3}}{4(9+5\sqrt{3})}=\frac{1}{4},$$

$k_{AB}=k_{BC}=\frac{1}{4}$

即　$L_{AB}/\!/L_{BC}$，且有公共点 B

则　A，B，C 三点共线

因此，曲线 $y=\frac{x-1}{x^2+1}$有位于同一直线上的三个拐点.

【例 3-30】试确定常数 $k(k\neq0)$，使曲线 $y=k(x^2-3)^2$在拐点处的法线通过原点.

解： $y'=2k(x^2-3)\cdot 2x=4kx(x^2-3)$

$y''=4k(x^2-3)+4kx\cdot 2x=12kx^2-12k=12k(x+1)(x-1)$

令 $y''=0$ 得，$x=-1$，1.

列表讨论($k>0$)

x	$(-\infty,-1)$	-1	$(-1,1)$	1	$(1,+\infty)$
y''	+	0	−	0	+
y	∪	拐点	∩	拐点	∪

当 $x=-1$ 时，$y'\Big|_{x=-1}=8k$，$y\Big|_{x=-1}=4k$；当 $x=1$ 时，$y'\Big|_{x=1}=-8k$，$y\Big|_{x=1}=4k$.

曲线过点 $(-1,4k)$，$(1,4k)$ 的法线方程为

$$y-4k=-\frac{1}{8k}(x+1),\ y-4k=\frac{1}{8k}(x-1)$$

令 $x=y=0$，得 $4k=\frac{1}{8k}$，$k^2=\frac{1}{32}$，$k=\pm\frac{1}{4\sqrt{2}}$，因此，当 $k=\pm\frac{1}{4\sqrt{2}}$ 时，在拐点处的法线通过原点.

【例 3-31】 作下列函数的图形.

(1) $f(x)=\frac{4(x+1)}{x^2}-2$ (2) $f(x)=\frac{x}{x^2-1}$

解： (1) $f(x)=\frac{4(x+1)}{x^2}-2$，定义域 $x\neq0$

$$\lim_{x\to0}f(x)=\infty,\ \lim_{x\to\infty}f(x)=-2$$

$x=0$，$y=-2$ 是曲线的渐近线.

$$f'(x)=\frac{4x^2-4(x+1)\cdot2x}{x^4}=\frac{-4x-8}{x^3}=\frac{-4(x+2)}{x^3}$$

$$f''(x)=\frac{-4x^3+4(x+2)\cdot3x^2}{x^6}=\frac{8(x+3)}{x^4}$$

令 $f'(x)=0$，$f''(x)=0$，得 $x=-2$，-3.

列表讨论

x	$(-\infty,-3)$	-3	$(-3,-2)$	-2	$(-2,0)$	0	$(0,+\infty)$
$f'(x)$	−	−	−	0	+	不存在	−
$f''(x)$	−	0	+	+	+	不存在	+
$f(x)$	↘	拐点 $\left(-3,-\frac{26}{9}\right)$	↘	极小值 $f(-2)=-3$	↗	不存在	↘

函数 $f(x)=\frac{4(x+1)}{x^2}-2$ 的图形如图 3-2 所示。

$f(x)$ 的定义域 $(-\infty,-1)\cup(-1,1)\cup(1,+\infty)$.

(2) $f(-x)=-\frac{x}{x^2-1}=-f(x)$，函数 $f(x)$ 为奇函数.

$\lim\limits_{x\to\infty}f(x)=0$，$y=0$ 是水平渐近线；$\lim\limits_{x\to1}f(x)=\infty$，$\lim\limits_{x\to-1}f(x)=\infty$，$x=1$，$x=-1$ 是垂直

渐近线.

$$f'(x)=\frac{x^2-1-2x^2}{(x^2-1)^2}=\frac{-(x^2+1)}{(x^2-1)^2}<0$$

$$f''(x)=\frac{-2x(x^2-1)+(x^2+1)4x}{(x^2-1)^3}=\frac{2x^3+6x}{(x^2-1)^3}=\frac{2x(x^2+3)}{(x^2-1)^3}$$

令 $f''(x)=0$，得 $x=0$.

列表讨论

x	0	(0,1)	1	(1,+∞)
$f'(x)$	−	−	不存在	−
$f''(x)$	0	−	不存在	+
$f(x)$	拐点(0,0)	↘	不存在	↘

函数 $f(x)=\dfrac{x}{x^2-1}$的图形如图 3-3 所示。

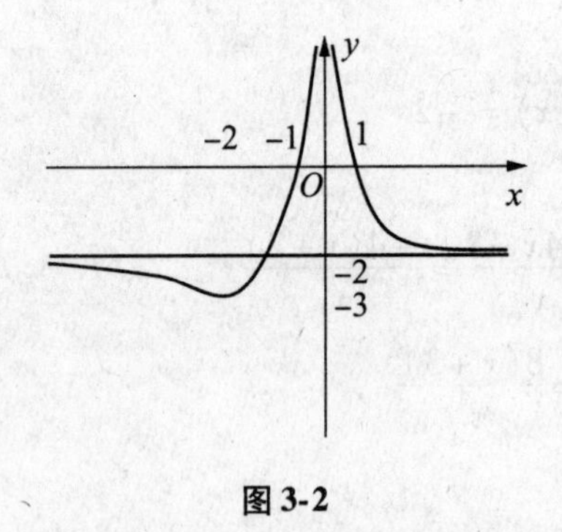

图 3-2

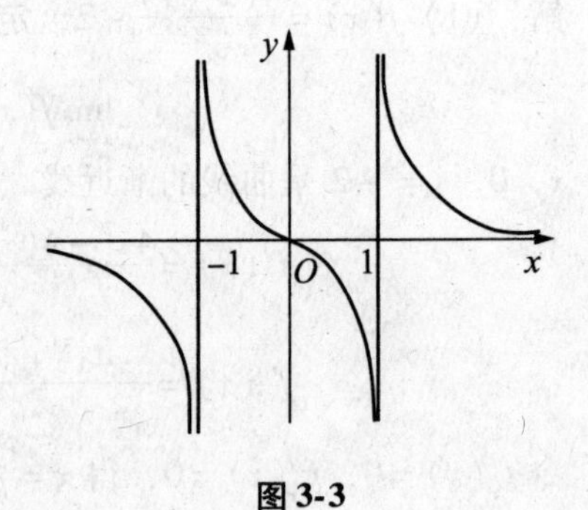

图 3-3

3.4 复习题 3 解析

【例 3-32】若方程 $a_0x^n+a_1x^{n-1}+\cdots+a_{n-1}x=0$ 有一正根 $x=x_0$，证明方程 $a_0nx^{n-1}+a_1\ (n-1)\ x^{n-2}+\cdots+a_{n-1}=0$ 有一个小于 x_0的正根.

证明：$f(x)=a_0x^n+a_1x^{n-1}+\cdots+a_{n-1}x$，则 $f(0)=f(x_0)=0, x_0>0$

由罗尔定理 知 $\exists\xi\in(0,x_0)$，使得 $f'(\xi)=0$

即方程 $a_0nx^{n-1}+a_1(n-1)x^{n-2}+\cdots+a_{n-1}=0$ 有一个小于 x_0的正根.

【例 3-33】证明下列不等式.

(1) $|\arctan a-\arctan b|\leqslant|a-b|$

(2) 当 $x>1$ 时，$e^x>ex$

证明：(1) 设 $f(x)=\arctan x$，在 $[b,a]$ 上，应用拉格朗日定理，得

$$\left|\frac{\arctan a-\arctan b}{a-b}\right|=\left|\frac{1}{1+\xi^2}\right|\leqslant 1,\ b<\xi<a$$

即　$|\arctan a-\arctan b|\leqslant|a-b|$

(2) 设$f(x)=e^x$，在$[0,x-1]$上，应用拉格朗日定理，得

$$\frac{e^{x-1}-e^0}{x-1}=\frac{e^{x-1}-1}{x-1}=e^{\xi}>1,\ 0<\xi<x-1$$

$$e^{x-1}-1>x-1$$

即　$e^{x-1}>x,\ e^x>ex$

【例 3-34】证明不等式，当$x>1$时，$\ln x>\dfrac{2(x-1)}{x+1}$.

证明：设$f(x)=\ln x-\dfrac{2(x-1)}{x+1}$，则

$$f'(x)=\frac{1}{x}-\frac{2(x+1)-2(x-1)}{(x+1)^2}$$

$$=\frac{(x+1)^2-4x}{x(x+1)^2}=\frac{(x-1)^2}{x(x+1)^2}>0,\ x>1,\ f(x)\uparrow$$

当$x>1$时，$f(x)>f(1)=0$，因此$\ln x>\dfrac{2(x-1)}{x+1}$.

【例 3-35】设函数$f(x)$有连续的二阶导数，且$f(0)=f'(0)=0$，$f''(0)=6$ 试求极限：$\lim\limits_{x\to 0}\dfrac{f(\sin^2 x)}{x^4}$.

解：$\lim\limits_{x\to 0}\dfrac{f(\sin^2 x)}{x^4}=\lim\limits_{x\to 0}\dfrac{f'(\sin^2 x)\cdot 2\sin x\cdot\cos x}{4x^3}$

$$=\lim_{x\to 0}\frac{f'(\sin^2 x)}{2x^2}=\lim_{x\to 0}\frac{f''(\sin^2 x)\cdot 2\sin x\cdot\cos x}{4x}$$

$$=\lim_{x\to 0}\frac{f''(\sin^2 x)}{2}=\frac{1}{2}f''(0)\ \ =3$$

【例 3-36】设$f(x)=\begin{cases}x^{2x}, & x>0\\ x+2, & x\leqslant 0\end{cases}$，求$f(x)$的极值.

解：(1) 当$x>0$时，$f(x)=x^{2x}=e^{2x\ln x}$，$f'(x)=e^{2x\ln x}\cdot 2(1+\ln x)$

令$f'(x)=0$，得$2(1+\ln x)=0$，$x=e^{-1}$.

当$x=e^{-1}$时函数取得极小值且极小值$f(e^{-1})=e^{-2e^{-1}}=e^{-\frac{2}{e}}$.

列表讨论

x	$(0,e^{-1})$	e^{-1}	$(e^{-1},+\infty)$
$f'(x)$	−	0	+
$f(x)$	↘	极小值	↗

（2）当 $x=0$ 时，$f'(x)$不存在，

当 $x<0$ 时，$f'(x)=1>0$，

当 $x>0$ 时，$f'(x)=2e^{2x\ln x}(1+\ln x)$，

当 $-\infty<x<0$ 时，$f'(x)>0$，当 $0<x<e^{-1}$时，$f'(x)<0$，因此极大值 $f(0)=2$.

列表讨论

x	$(-\infty,0)$	0	$(0,e^{-1})$
$f'(x)$	+	不存在	–
$f(x)$	↗	极大值	↘

【例 3-37】 已知函数 $y(x)$ 由 $x^2+2xy+2y^2=1$ 确定，求 $y(x)$ 的极值.

解： $x^2+2xy+2y^2=1$

两边求导，得 $2x+2y+2xy'+4yy'=0$，$y'=\dfrac{-x-y}{x+2y}$

令 $y'=0$，得 $x=-y$

$x^2-2x^2+2x^2=1$，$x=-1$，1

由 $x+y+xy'+2yy'=0$，得

$1+y'+y'+xy''+2y'^2+2yy''=0$

$y''=-\dfrac{1+2y'+2y'^2}{x+2y}$

当 $x=1$ 时，$y'(1)=0$，$y''(1)=1>0$

当 $x=-1$ 时，$y'(-1)=0$，$y''(-1)=-1<0$

因此，函数 $y(x)$ 的极大值为 $y(-1)=1$，极小值为 $y(1)=-1$.

【例 3-38】 求 $f(x)=e^{-x^2}\cdot(1-2x)$，在 $(-\infty,+\infty)$ 上的最大值和最小值.

解： $f'(x)=-2x\cdot e^{-x^2}(1-2x)-2e^{-x^2}$

$=-2e^{-x^2}[x(1-2x)+1]$

$=2e^{-x^2}(2x^2-x-1)$

$=2e^{-x^2}(2x+1)(x-1)$

令 $f'(x)=0$，得 $x=-\dfrac{1}{2}$，1

$$\lim_{x\to\infty}e^{-x^2}(1-2x)=\lim_{x\to\infty}\frac{1-2x}{e^{x^2}}=0$$

因此，函数 $f(x)$ 的最大值为 $f\left(-\dfrac{1}{2}\right)=2e^{-\frac{1}{4}}$，最小值为 $f(1)=-e^{-1}$.

练 习 题 3

1. 填空题.

（1）函数 $f(x)=2x\sqrt{5-x}$ 在区间 $[0,5]$ 上满足罗尔定理的条件，由罗尔定理确定的 $\xi=$ ________.

（2）函数$f(x)=x^3$在区间$[0,1]$上满足拉格朗日定理的条件，则定理中的$\xi=$________.

（3）$\lim\limits_{x\to+\infty}\dfrac{\ln\left(1+\dfrac{1}{x}\right)\cdot\cos\dfrac{1}{x}}{\operatorname{arccot}x}=$________.

（4）$\lim\limits_{x\to0}\dfrac{\ln(1+\sin2x)}{\arcsin(x+x^2)}=$________.

（5）$\lim\limits_{x\to\infty}x\cdot\left(\cos\dfrac{1}{x}-1\right)=$________.

（6）$\lim\limits_{x\to0}\dfrac{e^{x^2}-1}{\cos x-1}=$________.

（7）函数$y=2x^3+3x^2-12x+1$单调递减区间是________.

（8）函数$f(x)=x^3-3x$的极小值是________.

（9）已知函数$y=x^2+2bx+c$在$x=-1$处取得极小值2，则$b=$________，$c=$________.

（10）设$x_1=1$，$x_2=2$为函数$y=a\ln x+bx^2+3x$的极值点，则$a=$________，$b=$________.

（11）$y=x+\sqrt{1-x}$在$[-5,1]$上的最大值是________.

（12）函数$y=x^2+1$在$[-1,1]$上的最小值是________.

2. 单选题.

（1）设$f(x)=x(x-1)(x-2)(x-3)$，则方程$f'(x)=0$实根的个数是（　　）.

A. 1　　B. 2　　C. 3　　D. 4

（2）在$[-1,1]$上，下列函数中不满足罗尔定理的是（　　）.

A. $y=\sin^2x$　　B. $y=\sqrt{1-x^2}$

C. $y=|x|$　　D. $y=\ln(1+x^2)$

（3）$f(x)=1+\dfrac{1}{x}$在$[1,2]$上满足拉格朗日定理条件的ξ是（　　）.

A. $\sqrt{2}$　　B. $-\sqrt{2}$　　C. $\dfrac{1}{\sqrt{2}}$　　D. $-\dfrac{1}{\sqrt{2}}$

（4）函数$y=(x-2)^2+3$在$(-\infty,+\infty)$上的极小值点是（　　）.

A. 0　　B. 1　　C. 2　　D. 3

（5）设$f(x)=(x+1)^{\frac{2}{3}}$，则点$x=-1$是$f(x)$的（　　）.

A. 间断点　　B. 可导点　　C. 驻点　　D. 极值点

（6）函数$y=|x-1|+2$的最小值点$x=$（　　）.

A. 0　　B. 1　　C. 2　　D. -1

（7）曲线$y=e^{-x^2}$的拐点个数是（　　）.

A. 0　　B. 1　　C. 2　　D. 3

（8）曲线$y=\dfrac{1}{x^2+2x-3}$的全部渐近线方程是（　　）.

A. $x=-3$，$x=1$　　B. $x=-3$

C. $x=1$　　D. $x=-3$，$x=1$，$y=0$

（9）曲线 $y=\frac{x-1}{(x-2)^2}$ 的全部渐近线方程是（　　）.

A. $x=1$　　B. $x=2$　　C. $x=1$，$x=2$　　D. $x=2$，$y=0$

3. 求下列函数的极限.

（1）$\lim\limits_{x\to 1}\frac{x^2-1}{\ln x}$　　（2）$\lim\limits_{x\to 0}\frac{x-\sin x}{x^3}$

（3）$\lim\limits_{x\to 0}\frac{e^x-1}{x^2-x}$　　（4）$\lim\limits_{x\to +\infty}\frac{\ln x}{x^2}$

（5）$\lim\limits_{x\to 1}\left(\frac{x}{x-1}-\frac{1}{\ln x}\right)$　　（6）$\lim\limits_{x\to \infty}x(e^{\frac{1}{x}}-1)$

（7）$\lim\limits_{x\to +\infty}x\ln\left(1+\frac{1}{x}\right)$　　（8）$\lim\limits_{x\to 0}\sqrt[x]{1-2x}$

4. 求函数 $y=x-\ln(1+x)$ 的单调区间.

5. 求下列函数的极值.

（1）$y=x-\frac{3}{2}x^{\frac{2}{3}}$　　（2）$y=x^3-3x$

6. 求函数 $y=x+\sqrt{x}$ 在 $[0,4]$ 上的最大值与最小值.

7. 当 b 为何值时，点 $(1,3)$ 是曲线 $y=-\frac{3}{2}x^3+bx^2$ 的拐点.

8. 求下列曲线的凹凸区间与拐点.

（1）$y=x^3(1-x)$　　（2）$y=\frac{2x}{\ln x}$

9. 试确定曲线 $y=ax^3+bx^2+cx+d$ 中的 a，b，c，d，使得 $x=-2$ 处曲线有水平切线，$(1,-10)$ 为拐点，点 $(-2,44)$ 在曲线上.

10. 证明下列不等式.

（1）$2\sqrt{x}>3-\frac{1}{x}$，$x>1$　　（2）$\cos x>1-\frac{x^2}{2}$，$x>0$

11. 设 $f(x)$ 在 $(-\infty,+\infty)$ 可导，$\varphi(x)=\frac{f(x)}{x}$，若 $\varphi(x)$ 在 $x=a\,(a\neq 0)$ 处有极值，证明：$f(x)$ 在 $x=a$ 处的切线过原点.

12. 求下列曲线的渐近线.

（1）$y=\frac{\ln x}{x(x-1)}$　　（2）$y=\frac{2x}{x^2-2x+1}$

13. 作函数 $y=\frac{x}{x+1}$ 的图形.

第4章 不定积分

4.1 内容概要

4.1.1 原函数与不定积分

1. 原函数

设$f(x)$是定义在某个区间上的函数，若存在函数$F(x)$，使其在该区间上的任一点，都有$F'(x)=f(x)$或$\mathrm{d}F(x)=f(x)\mathrm{d}x$，则称$F(x)$是$f(x)$在该区间上的一个原函数.

设函数$F(x)$、$G(x)$都是$f(x)$的原函数，即$F'(x)=f(x)$，$G'(x)=f(x)$，则$[G(x)-F(x)]'=G'(x)-F'(x)=f(x)-f(x)=0$，$G(x)-F(x)=C$，即$G(x)=F(x)+C$. 函数$f(x)$有原函数，它就有无穷多个原函数，并且任意两个原函数之间相差一个任意常数.

2. 不定积分

如果$F(x)$是$f(x)$的一个原函数，则$f(x)$的全部原函数$F(x)+C$称为$f(x)$的不定积分，记作$\int f(x)\mathrm{d}x$，即$\int f(x)\mathrm{d}x=F(x)+C.$

3. 不定积分的几何意义

若$F(x)$是$f(x)$的一个原函数，$f(x)$的不定积分$\int f(x)\mathrm{d}x=F(x)+C$是$f(x)$的原函数族，$C$每取一个值$C_0$，就确定$f(x)$的一个原函数，在直角坐标系中就确定一条曲线$y=F(x)+C_0$，这条曲线叫作函数$f(x)$的一条积分曲线，所有这些积分曲线组成一个曲线族，称为$f(x)$的积分曲线族.

4. 不定积分的性质

(1) $\left[\int f(x)\mathrm{d}x\right]'=f(x)$ 或 $\mathrm{d}\left[\int f(x)\mathrm{d}x\right]=f(x)\mathrm{d}x$

(2) $\int f'(x)\mathrm{d}x=f(x)+C$ 或 $\int \mathrm{d}f(x)=f(x)+C$

(3) $\int [f(x)\pm g(x)]\mathrm{d}x=\int f(x)\mathrm{d}x\pm\int g(x)\mathrm{d}x$

(4) $\int kf(x)\mathrm{d}x=k\int f(x)\mathrm{d}x$

5. 基本积分公式

(1) $\int 0\mathrm{d}x=C$, $\int k\mathrm{d}x=kx+C$

(2) $\int x^{\alpha}\mathrm{d}x=\dfrac{x^{\alpha+1}}{\alpha+1}+C$, $\alpha\neq-1$

(3) $\int \dfrac{1}{x}\mathrm{d}x=\ln|x|+C$

(4) $\int a^{x}\mathrm{d}x=\dfrac{a^{x}}{\ln a}+C$

(5) $\int \mathrm{e}^{x}\mathrm{d}x=\mathrm{e}^{x}+C$

(6) $\int \sin x\mathrm{d}x=-\cos x+C$

(7) $\int \cos x \mathrm{d}x = \sin x + C$

(8) $\int \sec^2 x \mathrm{d}x = \tan x + C$

(9) $\int \csc^2 x \mathrm{d}x = -\cot x + C$

(10) $\int \frac{1}{\sqrt{1-x^2}} \mathrm{d}x = \arcsin x + C$

(11) $\int \frac{1}{1+x^2} \mathrm{d}x = \arctan x + C$

(12) $\int \sec x \tan x \mathrm{d}x = \sec x + C$

(13) $\int \csc x \cot x \mathrm{d}x = -\csc x + C$

4.1.2 换元积分法

1. 第一类换元积分法

设$f(u)$有原函数$F(u)$，$u=\varphi(x)$，对x可导，则有换元公式

$$\int f[\varphi(x)]\varphi'(x)\mathrm{d}x = \int f(u)\mathrm{d}u = F(u) + C = F[\varphi(x)] + C$$

由于函数$f(u)$有原函数$F(u)$，而$u=\varphi(x)$又是关于x的可导函数，由复合函数微分法，有$\mathrm{d}F(u)=f(u)\mathrm{d}u=f[\varphi(x)]\varphi'(x)\mathrm{d}x$，由于不定积分与微分是互逆运算，则有

$$\int f[\varphi(x)]\varphi'(x)\mathrm{d}x = \int f[\varphi(x)]\mathrm{d}\varphi(x) = \int f(u)\mathrm{d}u = F(u) + C = F[\varphi(x)] + C$$

2. 第二类换元积分法

设函数$x=\varphi(t)$有连续的导数且$\varphi'(t)\neq 0$，函数$f[\varphi(t)]\varphi'(t)$有原函数，则

$$\int f(x)\mathrm{d}x = \int f[\varphi(t)]\varphi'(t)\mathrm{d}t = F[\varphi(t)] + C = F(x) + C$$

$F[\varphi(t)]$是$f[\varphi(t)]\varphi'(t)$的原函数.

第二类换元法是将变量t设为自变量，而变量x是变量t的函数，通过$x=\varphi(t)$将积分$\int f(x)\mathrm{d}x$转化为积分$\int f[\varphi(t)]\varphi'(t)\mathrm{d}t$，而积分$\int f[\varphi(t)]\varphi'(t)\mathrm{d}t$更容易计算时，也就求出积分$\int f(x)\mathrm{d}x$.

4.1.3 分部积分法

分部积分法是基本积分方法，分部积分法用于被积函数是两种不同类型函数乘积的积分. 常用形式有：$\int x^n \mathrm{e}^x \mathrm{d}x$，$\int x^n \sin x \mathrm{d}x$，$\int x^n \cos x \mathrm{d}x$，$\int x^n \ln x \mathrm{d}x$，$\int \arctan x \mathrm{d}x$，$\int \arcsin x \mathrm{d}x$，$\int \mathrm{e}^x \sin x \mathrm{d}x$，$\int \mathrm{e}^x \cos x \mathrm{d}x$.

分部积分是乘积微分公式的逆运算，设函数$u(x)$，$v(x)$均有连续的导函数，由函数乘积的微分公式有，

$$\mathrm{d}(uv) = u\mathrm{d}v + v\mathrm{d}u，\text{即 } u\mathrm{d}v = \mathrm{d}(uv) - v\mathrm{d}u$$

对上式两边求不定积分，得$\int u\mathrm{d}v = uv - \int v\mathrm{d}u$，称为分部积分公式.

运用分部积分法求积分时，要正确选择u和$\mathrm{d}v$，选择u和$\mathrm{d}v$时要考虑$\int v\mathrm{d}u$更容易计算.

4.2 重要题型及解题方法

4.2.1 原函数与不定积分的基本概念题

【解题方法】

(1) 若$f(x)$存在一个原函数，则一定存在无穷多个原函数.

(2) 设$F(x)$和$G(x)$是同一个函数$f(x)$的两个原函数，则$F(x)$与$G(x)$相差一个常数，即$G(x)=F(x)+C$.

(3) 当一个函数是某个函数的原函数时，应与某个区间相联系. 例如，当$x>0$时，$\ln x$是$\frac{1}{x}$的原函数；当$x\neq 0$时，$\ln|x|$是$\frac{1}{x}$的原函数.

(4) 利用不定积分运算与导数（或微分）运算的关系：

$$\frac{\mathrm{d}}{\mathrm{d}x}\int f(x)\mathrm{d}x = f(x),\ \int F'(x)\mathrm{d}x = F(x)+C$$

或

$$\mathrm{d}\int f(x)\mathrm{d}x = f(x)\mathrm{d}x,\ \int \mathrm{d}F(x) = F(x)+C$$

【例 4-1】 下列各组函数是否为同一函数的原函数.

(1) $\ln x$ 与 $\ln 2x$　　　　(2) $\frac{1}{2}\sin^2 x$ 与 $-\frac{1}{4}\cos 2x$

解： (1) $(\ln x)'=\frac{1}{x}$，$\ln(2x)'=\frac{1}{2x}\cdot 2=\frac{1}{x}$

因此$\ln x$与$\ln 2x$是同一函数$\frac{1}{x}$的原函数.

(2) $\left(\frac{1}{2}\sin^2 x\right)'=\frac{1}{2}\cdot 2\sin x\cos x=\frac{1}{2}\sin 2x$

$\left(-\frac{1}{4}\cos 2x\right)'=-\frac{1}{4}\cdot(-\sin 2x)\cdot 2=\frac{1}{2}\sin 2x$

因此$\frac{1}{2}\sin^2 x$与$-\frac{1}{4}\cos 2x$是同一函数$\frac{1}{2}\sin 2x$的原函数.

【例 4-2】 设$\int f(x)\mathrm{d}x = \ln(1+x^2)+C$，求$f(x)$.

解： 由$\int f(x)\mathrm{d}x = \ln(1+x^2)+C$，得$f(x)=[\ln(1+x^2)]'=\frac{2x}{1+x^2}$

【例 4-3】 设e^{x^2}是$f(x)$的一个原函数，求不定积分$\int e^{-x^2}\cdot f(x)\mathrm{d}x$.

解： e^{x^2}是$f(x)$的一个原函数，得$f(x)=(e^{x^2})'=2x\cdot e^{x^2}$，

$$\int e^{-x^2}\cdot f(x)\mathrm{d}x = \int e^{-x^2}\cdot e^{x^2}\cdot 2x\mathrm{d}x = \int 2x\mathrm{d}x = x^2+C$$

【**例 4-4**】设$f(x)$是可微函数，求$\int \mathrm{d}\int \mathrm{d}f(x)$.

解：由不定积分的性质$\int \mathrm{d}f(x) = f(x) + C$，得

$$\mathrm{d}\int \mathrm{d}f(x) = \mathrm{d}(f(x) + C) = \mathrm{d}f(x)$$

$$\int \mathrm{d}\int \mathrm{d}f(x) = \int \mathrm{d}f(x) = \int f'(x)\,\mathrm{d}x = f(x) + C$$

4.2.2 直接积分法

【**解题方法**】

（1）直接积分法是指被积函数通过适当变形可化为直接利用基本积分公式和不定积分的运算性质求不定积分.

（2）利用代数、三角公式将被积函数化为已知可积函数的代数和，多个函数的代数和求积分只写一个积分常数.

【**例 4-5**】求下列积分.

(1) $\int \sqrt{x}(1-\sqrt{x})\,\mathrm{d}x$　　(2) $\int \left(x-\frac{1}{x}\right)\sqrt{x\sqrt{x}}\,\mathrm{d}x$

(3) $\int 2^x \mathrm{e}^x \mathrm{d}x$　　(4) $\int \frac{1}{\sin^2 x\cos^2 x}\mathrm{d}x$

(5) $\int \frac{\sin^2 x}{1+\cos 2x}\mathrm{d}x$　　(6) $\int \frac{x^2}{1+x^2}\mathrm{d}x$

解：(1) $\int \sqrt{x}(1-\sqrt{x})\,\mathrm{d}x = \int (\sqrt{x}-x)\,\mathrm{d}x = \int \sqrt{x}\,\mathrm{d}x - \int x\,\mathrm{d}x$

$$= \frac{2}{3}x^{\frac{3}{2}} - \frac{1}{2}x^2 + C$$

(2) $\int \left(x-\frac{1}{x}\right)\sqrt{x\sqrt{x}}\,\mathrm{d}x = \int \left(x-\frac{1}{x}\right)x^{\frac{3}{4}}\mathrm{d}x = \int (x^{\frac{7}{4}} - x^{-\frac{1}{4}})\,\mathrm{d}x$

$$= \frac{4}{11}x^{\frac{11}{4}} - \frac{4}{3}x^{\frac{3}{4}} + C$$

(3) $\int 2^x \mathrm{e}^x \mathrm{d}x = \int (2\mathrm{e})^x \mathrm{d}x = \frac{(2\mathrm{e})^x}{\ln 2\mathrm{e}} + C$

(4) $\int \frac{1}{\sin^2 x\cos^2 x}\mathrm{d}x = \int \frac{\sin^2 x+\cos^2 x}{\sin^2 x\cos^2 x}\mathrm{d}x = \int \left(\frac{1}{\cos^2 x} + \frac{1}{\sin^2 x}\right)\mathrm{d}x$

$$= \tan x - \cot x + C$$

(5) $\int \frac{\sin^2 x}{1+\cos 2x}\mathrm{d}x = \int \frac{\sin^2 x}{2\cos^2 x}\mathrm{d}x = \frac{1}{2}\int \tan^2 x\,\mathrm{d}x = \frac{1}{2}\int (\sec^2 x - 1)\,\mathrm{d}x$

$$= \frac{1}{2}(\tan x - x) + C$$

(6) $\int \frac{x^2}{1+x^2}\mathrm{d}x = \int \frac{x^2+1-1}{1+x^2}\mathrm{d}x = \int \left(1 - \frac{1}{1+x^2}\right)\mathrm{d}x = \int \mathrm{d}x - \int \frac{1}{1+x^2}\mathrm{d}x$

$$= x - \arctan x + C$$

4.2.3 利用第一换元法求不定积分

【解题方法】

把不定积分 $\int g(x)\mathrm{d}x$ 的被积表达式 $g(x)\mathrm{d}x$ 凑成 $g(x)\mathrm{d}x=f[\varphi(x)]\varphi'(x)\mathrm{d}x=f[\varphi(x)]\mathrm{d}\varphi(x)$.

令 $u=\varphi(x)$，则

$$\int g(x)\mathrm{d}x = \int f[\varphi(x)]\mathrm{d}\varphi(x) = \int f(u)\mathrm{d}u = F(u)+C$$

把 $u=\varphi(x)$ 代回，则

$$\int g(x)\mathrm{d}x = \int f(u)\mathrm{d}u = F(u)+C = F[\varphi(x)]+C$$

【常用凑微分法公式】

（1）$\mathrm{d}x=\frac{1}{a}\mathrm{d}(ax+b)$

（2）$\frac{1}{\sqrt{x}}\mathrm{d}x=2\mathrm{d}\sqrt{x}$

（3）$\frac{1}{x}\mathrm{d}x=\mathrm{d}\ln x$

（4）$\frac{1}{x^2}\mathrm{d}x=-\mathrm{d}\frac{1}{x}$

（5）$\mathrm{e}^x\mathrm{d}x=\mathrm{d}\mathrm{e}^x$

（6）$a^x\mathrm{d}x=\mathrm{d}\frac{a^x}{\ln a}$

（7）$\cos x\mathrm{d}x=\mathrm{d}\sin x$

（8）$\sin x\mathrm{d}x=-\mathrm{d}\cos x$

（9）$\sec^2 x\mathrm{d}x=\mathrm{d}\tan x$

（10）$\csc^2 x\mathrm{d}x=-\mathrm{d}\cot x$

（11）$\sec x\tan x\mathrm{d}x=\mathrm{d}\sec x$

（12）$\csc x\cot x\mathrm{d}x=-\mathrm{d}\csc x$

（13）$\frac{1}{\sqrt{1-x^2}}\mathrm{d}x=\mathrm{d}\arcsin x$

（14）$\frac{1}{1+x^2}\mathrm{d}x=\mathrm{d}\arctan x$

【常用凑微分方法】

(1) $\int f(ax+b)\mathrm{d}x = \frac{1}{a}\int f(ax+b)\mathrm{d}(ax+b)$

(2) $\int f(ax^k+b)x^{k-1}\mathrm{d}x = \frac{1}{ka}\int f(ax^k+b)\mathrm{d}(ax^k+b)$

(3) $\int f(\sqrt{x})\frac{1}{\sqrt{x}}\mathrm{d}x = 2\int f(\sqrt{x})\mathrm{d}\sqrt{x}$

(4) $\int f\left(\frac{1}{x}\right)\frac{1}{x^2}\mathrm{d}x = -\int f\left(\frac{1}{x}\right)\mathrm{d}\frac{1}{x}$

(5) $\int f(\mathrm{e}^x)\mathrm{e}^x\mathrm{d}x = \int f(\mathrm{e}^x)\mathrm{d}\mathrm{e}^x$

(6) $\int f(\ln x)\frac{1}{x}\mathrm{d}x = \int f(\ln x)\mathrm{d}\ln x$

(7) $\int f(\sin x)\cos x\mathrm{d}x = \int f(\sin x)\mathrm{d}\sin x$

(8) $\int f(\cos x)\sin x\mathrm{d}x = -\int f(\cos x)\mathrm{d}\cos x$

(9) $\int f(\tan x)\sec^2 x\mathrm{d}x = \int f(\tan x)\mathrm{d}\tan x$

(10) $\int f(\cot x)\csc^2 x\mathrm{d}x = -\int f(\cot x)\mathrm{d}\cot x$

(11) $\int f(\arcsin x)\dfrac{1}{\sqrt{1-x^2}}\mathrm{d}x = \int f(\arcsin x)\mathrm{d}\arcsin x$

(12) $\int f(\arctan x)\dfrac{1}{1+x^2}\mathrm{d}x = \int f(\arctan x)\mathrm{d}\arctan x$

(13) $\int f(x)f'(x)\mathrm{d}x = \int f(x)\mathrm{d}f(x)$

(14) $\int \dfrac{f'(x)}{f(x)}\mathrm{d}x = \int \dfrac{1}{f(x)}\mathrm{d}f(x)$

(15) $\int f[\ln\varphi(x)]\dfrac{\varphi'(x)}{\varphi(x)}\mathrm{d}x = \int f[\ln\varphi(x)]\mathrm{d}\ln\varphi(x)$

【常用不定积分公式】

(1) $\int \tan x\mathrm{d}x = -\ln|\cos x| + C$

(2) $\int \cot x\mathrm{d}x = \ln|\sin x| + C$

(3) $\int \sec\ \mathrm{d}x = \ln|\sec x + \tan x| + C$

(4) $\int \csc x\mathrm{d}x = \ln|\csc x - \cot x| + C$

(5) $\int \dfrac{1}{\sqrt{a^2-x^2}}\mathrm{d}x = \arcsin\dfrac{x}{a} + C$

(6) $\int \dfrac{\mathrm{d}x}{a^2+x^2} = \dfrac{1}{a}\arctan\dfrac{x}{a} + C$

(7) $\int \dfrac{1}{x^2-a^2}\mathrm{d}x = \dfrac{1}{2a}\ln\left|\dfrac{x-a}{x+a}\right| + C$

(8) $\int \dfrac{1}{a^2-x^2}\mathrm{d}x = \dfrac{1}{2a}\ln\left|\dfrac{x+a}{x-a}\right| + C$

(9) $\int \dfrac{1}{\sqrt{x^2+a^2}}\mathrm{d}x = \ln|x+\sqrt{x^2+a^2}| + C$

(10) $\int \dfrac{1}{\sqrt{x^2-a^2}}\mathrm{d}x = \ln|x+\sqrt{x^2-a^2}| + C$

【例 5-6】求下列不定积分.

(1) $\int (2x-3)^5\mathrm{d}x$　　(2) $\int \dfrac{1}{\sqrt[5]{3-2x}}\mathrm{d}x$

(3) $\int \dfrac{x^2}{(1+2x^3)^2}\mathrm{d}x$　　(4) $\int x\mathrm{e}^{-x^2}\mathrm{d}x$

解: (1) $\int (2x-3)^5\mathrm{d}x = \dfrac{1}{2}\int (2x-3)^5\mathrm{d}(2x-3)$

$$= \frac{1}{2}\cdot\frac{1}{6}(2x-3)^6 + C = \frac{1}{12}(2x-3)^6 + C$$

(2) $\int \frac{1}{\sqrt[5]{3-2x}}dx = -\frac{1}{2}\int (3-2x)^{-\frac{1}{5}}d(3-2x) = -\frac{1}{2}\cdot\frac{5}{4}(3-2x)^{\frac{4}{5}}+C$

$= -\frac{5}{8}(3-2x)^{\frac{4}{5}}+C$

(3) $\int \frac{x^2}{(1+2x^3)^2}dx = \frac{1}{6}\int \frac{1}{(1+2x^3)^2}d(1+2x^3) = -\frac{1}{6(1+2x^3)}+C$

(4) $\int xe^{-x^2}dx = -\frac{1}{2}\int e^{-x^2}d(-x^2) = -\frac{1}{2}e^{-x^2}+C$

【例4-7】求下列不定积分.

(1) $\int \frac{1}{\sqrt{x}}\cos\sqrt{x}dx$　　(2) $\int \frac{1}{x^2}\cdot e^{\frac{1}{x}}dx$

(3) $\int e^{e^x}\cdot e^x dx$　　(4) $\int \frac{1}{x(1+\ln^2 x)}dx$

解: (1) $\int \frac{1}{\sqrt{x}}\cos\sqrt{x}dx = 2\int \cos\sqrt{x}\cdot\frac{1}{2\sqrt{x}}dx = 2\int \cos\sqrt{x}d\sqrt{x} = 2\sin\sqrt{x}+C$

(2) $\int \frac{1}{x^2}\cdot e^{\frac{1}{x}}dx = -\int e^{\frac{1}{x}}\left(-\frac{1}{x^2}\right)dx = -\int e^{\frac{1}{x}}d\frac{1}{x} = -e^{\frac{1}{x}}+C$

(3) $\int e^{e^x}\cdot e^x dx = \int e^{e^x}de^x = e^{e^x}+C$

(4) $\int \frac{1}{x(1+\ln^2 x)}dx = \int \frac{1}{1+\ln^2 x}\cdot\frac{1}{x}dx = \int \frac{1}{1+\ln^2 x}d\ln x = \arctan(\ln x)+C$

【例4-8】求下列不定积分.

(1) $\int \sin^3 x\cdot\cos x dx$　　(2) $\int \sin^2 x\cdot\cos^3 x dx$

(3) $\int \sin^2 x dx$　　(4) $\int \sin 2x\cdot\cos 3x dx$

解: (1) $\int \sin^3 x\cdot\cos x dx = \int \sin^3 x d\sin x = \frac{1}{4}\sin^4 x+C$

(2) $\int \sin^2 x\cdot\cos^3 x dx = \int \sin^2 x\cdot\cos^2 x\cdot\cos x dx = \int \sin^2 x(1-\sin^2 x)d\sin x$

$= \int(\sin^2 x-\sin^4 x)d\sin x = \frac{1}{3}\sin^3 x-\frac{1}{5}\sin^5 x+C$

(3) $\int \sin^2 x dx = \frac{1}{2}\int(1-\cos 2x)dx = \frac{1}{2}\int dx-\frac{1}{2}\cdot\frac{1}{2}\int\cos 2x d2x = \frac{1}{2}x-\frac{1}{4}\sin 2x+C$

(4) $\int \sin 2x\cdot\cos 3x dx = \frac{1}{2}\int(\sin 5x-\sin x)dx = -\frac{1}{10}\cos 5x+\frac{1}{2}\cos x+C$

4.2.4　利用第二换元法求不定积分

【解题方法】

(1) 作变量代换 $x=\varphi(t)$, $dx=\varphi'(t)dt$, $\int f(x)dx = \int f[\varphi(t)]\varphi'(t)dt$.

(2) 计算积分 $\int f[\varphi(t)]\cdot\varphi'(t)dt = \int g(t)dt = G(t)+C$.

(3) 求 $x=\varphi(t)$ 的反函数 $t=\varphi^{-1}(x)$，代回原变量：

$$\int f(x)\mathrm{d}x = \int f[\varphi(t)]\varphi'(t)\mathrm{d}t = G(t) + C = G[\varphi^{-1}(x)] + C$$

【一次根式积分及解题方法】

形如 $\int f(\sqrt[n]{ax+b})\mathrm{d}x$ 的不定积分称为一次根式积分.

一次根式的积分可直接令 $\sqrt[n]{ax+b}=t$，解出 x，求出 $\mathrm{d}x$，代入原积分中，即可求解，积分结果再代回原积分变量 x.

【例 4-9】 求下列不定积分.

(1) $\int x\sqrt{1-x}\mathrm{d}x$　　　　(2) $\int \frac{1}{1+\sqrt{1+x}}\mathrm{d}x$

解： (1) 令 $\sqrt{1-x}=t$, $1-x=t^2$, $x=1-t^2$, $\mathrm{d}x=-2t\mathrm{d}t$, 则

$$\int x\sqrt{1-x}\mathrm{d}x = \int(1-t^2)\cdot t\cdot(-2t)\mathrm{d}t = -2\int(t^2-t^4)\mathrm{d}t$$

$$= -\frac{2}{3}t^3 + \frac{2}{5}t^5 + C = -\frac{2}{3}(1-x)^{\frac{3}{2}} + \frac{2}{5}(1-x)^{\frac{5}{2}} + C$$

(2) 令 $\sqrt{1+x}=t$, $1+x=t^2$, $x=t^2-1$, $\mathrm{d}x=2t\mathrm{d}t$, 则

$$\int\frac{1}{1+\sqrt{1+x}}\mathrm{d}x = \int\frac{1}{1+t}\cdot 2t\mathrm{d}t = 2\int\frac{1+t-1}{1+t}\mathrm{d}t$$

$$= 2\int\left(1-\frac{1}{1+t}\right)\mathrm{d}t = 2t - 2\ln|1+t| + C$$

$$= 2\sqrt{1+x} - 2\ln(1+\sqrt{1+x}) + C$$

【二次根式积分及解题方法】

形如 $\int f(\sqrt{a^2-x^2})\mathrm{d}x$，$\int f(\sqrt{a^2+x^2})\mathrm{d}x$，$\int f(\sqrt{x^2-a^2})\mathrm{d}x$ 的不定积分，称为二次根式积分.

(1) 被积函数含根式 $\sqrt{a^2-x^2}$，$a>0$. 如图 4-1 (a) 所示.

令 $\frac{x}{a}=\sin t$，$x=a\sin t$，$\mathrm{d}x=a\cos t\mathrm{d}t$，则

$$\sqrt{a^2-x^2}=a\sqrt{1-\left(\frac{x}{a}\right)^2}=a\sqrt{1-\sin^2 t}=a\sqrt{\cos^2 t}=a\cos t$$

(2) 被积函数含根式 $\sqrt{a^2+x^2}$，$a>0$. 如图 4-1 (b) 所示.

令 $\frac{x}{a}=\tan t$，$x=a\tan t$，$\mathrm{d}x=a\sec^2 t\mathrm{d}t$，则

$$\sqrt{a^2+x^2}=a\sqrt{1+\left(\frac{x}{a}\right)^2}=a\sqrt{1+\tan^2 t}=a\sqrt{\sec^2 t}=a\sec t$$

(3) 被积函数含根式 $\sqrt{x^2-a^2}$，$a>0$. 如图 4-1 (c) 所示.

令 $\frac{x}{a}=\sec t$，$x=a\sec t$，$\mathrm{d}x=a\sec t\cdot\tan t\mathrm{d}t$，则

$$\sqrt{x^2-a^2}=a\sqrt{\left(\frac{x}{a}\right)^2-1}=a\sqrt{\sec^2 t-1}=a\sqrt{\tan^2 t}=a\tan t$$

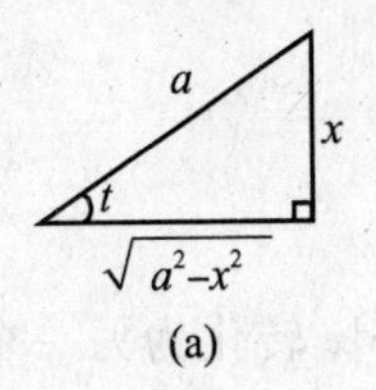

(a)

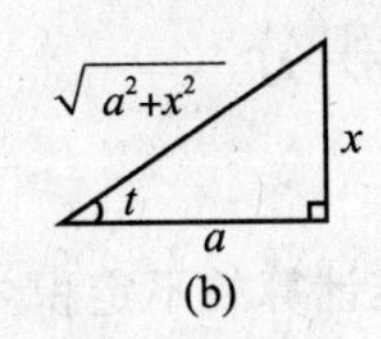

(b)

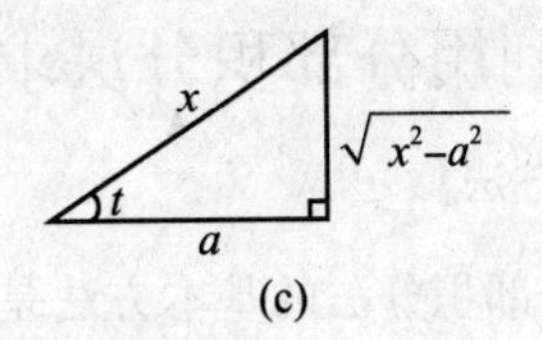

(c)

图 4-1

【例 4-10】 求不定积分 $\int \frac{dx}{x^2\sqrt{1-x^2}}$.

解: 被积函数含有根式 $\sqrt{1-x^2}$ 令 $x=\sin t$，则 $dx=\cos t dt$，

$$\int \frac{dx}{x^2\sqrt{1-x^2}} = \int \frac{1}{\sin^2 t \cdot \sqrt{1-\sin^2 t}}\cos t dt = \int \frac{1}{\sin^2 t}dt$$

$$= -\cot t + C = -\frac{\sqrt{1-x^2}}{x} + C$$

如图 4-2 所示.

【例 4-11】 求不定积分 $\int \frac{dx}{x^2\sqrt{1+x^2}}$.

解: 被积函数含有根式 $\sqrt{1+x^2}$，令 $x=\tan t$，则 $dx=\sec^2 t dt$，

$$\int \frac{1}{x^2\sqrt{1+x^2}}dx = \int \frac{1}{\tan^2 t \cdot \sqrt{1+\tan^2 t}} \cdot \sec^2 t dt = \int \frac{\cos t}{\sin^2 t}dt$$

$$= \int \frac{1}{\sin^2 t}d\sin t = -\frac{1}{\sin t} + C = -\frac{\sqrt{1+x^2}}{x} + C$$

如图 4-3 所示.

【例 4-12】 求不定积分 $\int \frac{\sqrt{x^2-4}}{x}dx$.

解: 被积函数含根式 $\sqrt{x^2-4}$，令 $x=2\sec t$，则 $dx=2\sec t \cdot \tan t dt$，

$$\int \frac{\sqrt{x^2-4}}{x}dx = \int \frac{\sqrt{4\sec^2 t-4}}{2\sec t} \cdot 2\sec t \cdot \tan t dt = 2\int \tan^2 t dt$$

$$= 2\int(\sec^2 t - 1)dt = 2\tan t - 2t + C$$

$$= \sqrt{x^2-4} - 2\arctan\frac{\sqrt{x^2-4}}{2} + C$$

如图 4-4 所示.

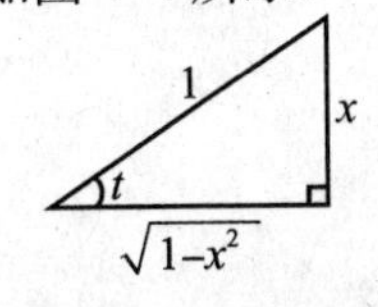

图 4-2

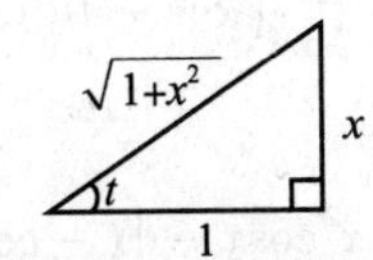

图 4-3

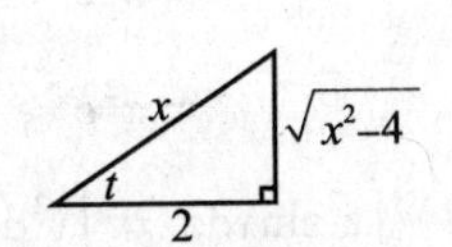

图 4-4

4.2.5 利用分部积分法求不定积分

【解题方法】

(1) 分部积分法的基本方法是把较难计算的不定积分 $\int uv'\mathrm{d}x$ 转化为另一个较容易计算的不定积分 $\int vu'\mathrm{d}x$ 的计算问题.

$$\int uv'\mathrm{d}x = uv - \int vu'\mathrm{d}x, \text{或} \int u\mathrm{d}v = uv - \int v\mathrm{d}u.$$

(2) 分部积分法的关键是把被积函数凑成 $\int uv'\mathrm{d}x$ 或 $\int u\mathrm{d}v$ 的形式，u、v'不适当的选择，可能使不定积分 $\int vu'\mathrm{d}x$ 不易计算.

(3) 分部积分法中选择 u、v'的标准是：v 要容易求出；$\int vu'\mathrm{d}x$ 要比原不定积分 $\int uv'\mathrm{d}x$ 容易计算.

【例 4-13】 求下列不定积分.

(1) $\int(1+x)\mathrm{e}^{-x}\mathrm{d}x$　　(2) $\int x\sin^2 x\mathrm{d}x$

(3) $\int x^2\mathrm{e}^x\mathrm{d}x$　　(4) $\int x^2\sin x\mathrm{d}x$

解: (1) 设 $u=1+x$，$\mathrm{d}v=\mathrm{e}^{-x}\mathrm{d}x=-\mathrm{d}\mathrm{e}^{-x}$，则 $v=-\mathrm{e}^{-x}$

$$\begin{aligned}\int(1+x)\mathrm{e}^{-x}\mathrm{d}x &= \int(x+1)\mathrm{d}(-\mathrm{e}^{-x}) = -(x+1)\mathrm{e}^{-x} - \int(-\mathrm{e}^{-x})\mathrm{d}(x+1)\\ &= -(x+1)\mathrm{e}^{-x} + \int\mathrm{e}^{-x}\mathrm{d}x = -(x+1)\mathrm{e}^{-x} - \mathrm{e}^{-x} + C\\ &= -(x+2)\mathrm{e}^{-x} + C\end{aligned}$$

(2)
$$\begin{aligned}\int x\sin^2 x\mathrm{d}x &= \int x\cdot\frac{1-\cos 2x}{2}\mathrm{d}x = \frac{1}{2}\int x\mathrm{d}x - \frac{1}{2}\int x\cos 2x\mathrm{d}x\\ &= \frac{1}{4}x^2 - \frac{1}{4}\int x\mathrm{d}\sin 2x = \frac{1}{4}x^2 - \frac{1}{4}\left(x\sin 2x - \int\sin 2x\mathrm{d}x\right)\\ &= \frac{1}{4}x^2 - \frac{1}{4}x\sin 2x + \frac{1}{4}\int\sin 2x\mathrm{d}x\\ &= \frac{1}{4}x^2 - \frac{1}{4}x\sin 2x - \frac{1}{8}\cos 2x + C\end{aligned}$$

(3)
$$\begin{aligned}\int x^2\mathrm{e}^x\mathrm{d}x &= \int x^2\mathrm{d}\mathrm{e}^x = x^2\mathrm{e}^x - \int\mathrm{e}^x\mathrm{d}x^2 = x^2\mathrm{e}^x - 2\int\mathrm{e}^x x\mathrm{d}x\\ &= x^2\mathrm{e}^x - 2\int x\mathrm{d}\mathrm{e}^x = x^2\mathrm{e}^x - 2\left(x\mathrm{e}^x - \int\mathrm{e}^x\mathrm{d}x\right)\\ &= x^2\mathrm{e}^x - 2x\mathrm{e}^x + 2\mathrm{e}^x + C\end{aligned}$$

(4)
$$\begin{aligned}\int x^2\sin x\mathrm{d}x &= \int x^2\mathrm{d}(-\cos x) = -x^2\cos x - \int(-\cos x)\mathrm{d}x^2\\ &= -x^2\cos x + 2\int x\cos x\mathrm{d}x = -x^2\cos x + 2\int x\mathrm{d}\,\sin x\end{aligned}$$

$$= -x^2\cos x + 2\left(x\sin x - \int \sin x\mathrm{d}x\right) = -x^2\cos x + 2x\sin x + 2\cos x + C$$

【例 4-14】 求下列不定积分.

(1) $\int \ln x\mathrm{d}x$　　(2) $\int \arctan x\mathrm{d}x$

(3) $\int x^2\ln x\mathrm{d}x$　　(4) $\int x\arctan x\mathrm{d}x$

解: (1) $\int \ln x\mathrm{d}x = x\ln x - \int x\mathrm{d}\ln x = x\ln x - \int x \cdot \frac{1}{x}\mathrm{d}x = x\ln x - x + C$

(2) $\int \arctan x\mathrm{d}x = x\arctan x - \int x\mathrm{d}\arctan x = x\arctan x - \int x \cdot \frac{1}{1+x^2}\mathrm{d}x$

$$= x\arctan x - \frac{1}{2}\int \frac{1}{1+x^2}\mathrm{d}(1+x^2) = x\arctan x - \frac{1}{2}\ln(1+x^2) + C$$

(3) $\int x^2\ln x\mathrm{d}x = \int \ln x\mathrm{d}\frac{x^3}{3} = \frac{1}{3}x^3 \cdot \ln x - \int \frac{x^3}{3}\mathrm{d}\ln x = \frac{1}{3}x^3\ln x - \int \frac{x^3}{3} \cdot \frac{1}{x}\mathrm{d}x$

$$= \frac{1}{3}x^3\ln x - \frac{1}{3} \cdot \frac{1}{3}x^3 + C = \frac{1}{3}x^3\ln x - \frac{1}{9}x^3 + C$$

(4) $\int x\arctan x\mathrm{d}x = \int \arctan x\mathrm{d}\frac{x^2}{2} = \frac{1}{2}x^2\arctan x - \frac{1}{2}\int x^2\mathrm{d}\arctan x$

$$= \frac{1}{2}x^2\arctan x - \frac{1}{2}\int x^2 \cdot \frac{1}{1+x^2}\mathrm{d}x = \frac{1}{2}x^2\arctan x - \frac{1}{2}\int \frac{x^2+1-1}{1+x^2}\mathrm{d}x$$

$$= \frac{1}{2}x^2\arctan x - \frac{1}{2}\left(\int \mathrm{d}x - \int \frac{1}{1+x^2}\mathrm{d}x\right) = \frac{1}{2}x^2\arctan x - \frac{1}{2}x + \frac{1}{2}\arctan x + C$$

【例 4-15】 求简单有理函数的不定积分.

(1) $\int \frac{1}{x^2+2x-3}\mathrm{d}x$　　(2) $\int \frac{1}{x^2+2x+2}\mathrm{d}x$

解: (1) $\int \frac{1}{x^2+2x-3}\mathrm{d}x = \int \frac{1}{x^2+2x+1-4}\mathrm{d}x = \int \frac{1}{(x+1)^2-4}\mathrm{d}(x+1)$

$$= \frac{1}{2 \cdot 2}\ln\left|\frac{x+1-2}{x+1+2}\right| + C = \frac{1}{4}\ln\left|\frac{x-1}{x+3}\right| + C$$

(2) $\int \frac{1}{x^2+2x+2}\mathrm{d}x = \int \frac{1}{x^2+2x+1+1}\mathrm{d}x$

$$= \int \frac{1}{(x+1)^2+1}\mathrm{d}(x+1) = \arctan(x+1) + C$$

4.2.6 不定积分综合计算题

【解题方法】

(1) 综合利用凑微分法、换元法求解不定积分，灵活使用变量替换法换元求解.

(2) 利用代数公式、三角公式将被积函数化为已知可积函数的代数和求解.

(3) 分式中的二次式可化为完全平方，凑元求解.

(4) $\sin^n x\cos^m x$，m，n 至少有一个奇数，将奇次项退一次凑元，利用三角公式转化积分求解.

（5）$\sin^n x$ 或 $\cos^m x$，m，n 是偶数，利用三角公式降幂求解.

（6）$\sin nx \cdot \cos mx$ 乘积项，利用积化和差公式化为可积的代数和求解.

（7）被积函数中含抽象函数可用分部积分法求解.

【例 4-16】 求下列不定积分.

（1）$\int \frac{1}{\sqrt{e^x+1}}dx$　　（2）$\int \frac{1}{1+\sin x}dx$

解:（1）令 $\sqrt{e^x+1}=t$，$x=\ln(t^2-1)$，$dx=\frac{2t}{t^2-1}dt$，则

$$\int \frac{1}{\sqrt{e^x+1}}dx = \int \frac{1}{t}\cdot\frac{2t}{t^2-1}dt = 2\int \frac{1}{t^2-1}dt$$

$$= \ln\left|\frac{t-1}{t+1}\right| + C = \ln\left|\frac{\sqrt{e^x+1}-1}{\sqrt{e^x+1}+1}\right| + C$$

（2）$\int \frac{1}{1+\sin x}dx = \int \frac{1}{1+\sin x}\cdot\frac{1-\sin x}{1-\sin x}dx = \int \frac{1-\sin x}{1-\sin^2 x}dx$

$$= \int \frac{1}{\cos^2 x}dx - \int \frac{\sin x}{\cos^2 x}dx = \tan x + \int \frac{d\cos x}{\cos^2 x}$$

$$= \tan x - \frac{1}{\cos x} + C$$

【例 4-17】 求下列不定积分.

（1）$\int e^{\sqrt{x+1}}dx$　　（2）$\int \cos\sqrt{x}dx$

解:（1）令 $\sqrt{x+1}=t$，$x=t^2-1$，$dx=2tdt$，则

$$\int e^{\sqrt{x+1}}dx = \int e^t\cdot 2tdt = 2\int tde^t = 2te^t - 2\int e^t dt$$

$$= 2te^t - 2e^t + C = 2\sqrt{x+1}\cdot e^{\sqrt{x+1}} - 2e^{\sqrt{x+1}} + C$$

（2）令 $\sqrt{x}=t$，$x=t^2$，$dx=2tdt$，则

$$\int \cos\sqrt{x}dx = \int \cos t\cdot 2tdt = 2\int td\sin t$$

$$= 2t\sin t - 2\int \sin tdt = 2t\sin t + 2\cos t + C$$

$$= 2\sqrt{x}\sin\sqrt{x} + 2\cos\sqrt{x} + C$$

【例 4-18】 已知 $f(x)$ 的一个原函数为 $\sin x$，求 $\int xf'(x)dx$.

解: $\int xf'(x)dx = \int xdf(x) = xf(x) - \int f(x)dx$

由 $\int f(x)dx = \sin x + C_1$，得 $f(x)=(\sin x)'=\cos x$，则

$$\int xf'(x)dx = x\cos x - \sin x + C$$

【例 4-19】 已知 $f(x)$ 的一个原函数为 e^x，求 $\int xf''(x)dx$.

解: $f(x)=f'(x)=f''(x)=\mathrm{e}^x$

$$\int xf''(x)\mathrm{d}x=\int x\mathrm{e}^x\mathrm{d}x=\int x\mathrm{de}^x=x\mathrm{e}^x-\int \mathrm{e}^x\mathrm{d}x=x\mathrm{e}^x-\mathrm{e}^x+C$$

4.3　习题4解析

【例4-20】 求下列不定积分.

(1) $\int\frac{\sin x}{\cos^3 x}\mathrm{d}x$　　(2) $\int\tan^4 x\mathrm{d}x$

(3) $\int\cos^3 x\mathrm{d}x$　　(4) $\int\cos^3 x\cdot\sin^4 x\mathrm{d}x$

(5) $\int\frac{\mathrm{d}x}{\sqrt{3+2x-x^2}}$　　(6) $\int\frac{x}{\sqrt{1+x^2}}\cdot\cos\sqrt{1+x^2}\mathrm{d}x$

解: (1) $\int\frac{\sin x}{\cos^3 x}\mathrm{d}x=\int\frac{-\mathrm{d}\cos x}{\cos^3 x}=\frac{1}{2\cos^2 x}+C$

(2) $$\begin{aligned}\int\tan^4 x\mathrm{d}x&=\int(\sec^2 x-1)^2\mathrm{d}x=\int(\sec^4 x-2\sec^2 x+1)\mathrm{d}x\\&=\int\sec^2 x\mathrm{d}\tan x-2\int\sec^2 x\mathrm{d}x+\int\mathrm{d}x\\&=\int(1+\tan^2 x)\mathrm{d}\tan x-2\int\sec^2 x\mathrm{d}x+\int\mathrm{d}x\\&=\tan x+\frac{1}{3}\tan^3 x-2\tan x+x+C\\&=\frac{1}{3}\tan^3 x-\tan x+x+C\end{aligned}$$

(3) $\int\cos^3 x\mathrm{d}x=\int(1-\sin^2 x)\mathrm{d}\sin x=\sin x-\frac{1}{3}\sin^3 x+C$

(4) $$\begin{aligned}\int\cos^3 x\cdot\sin^4 x\mathrm{d}x&=\int(1-\sin^2 x)\sin^4 x\mathrm{d}\sin x\\&=\frac{1}{5}\sin^5 x-\frac{1}{7}\sin^7 x+C\end{aligned}$$

(5) $\int\frac{\mathrm{d}x}{\sqrt{3+2x-x^2}}=\int\frac{\mathrm{d}x}{\sqrt{4-(x-1)^2}}=\arcsin\frac{x-1}{2}+C$

(6) $$\begin{aligned}\int\frac{x}{\sqrt{1+x^2}}\cdot\cos\sqrt{1+x^2}\mathrm{d}x&=\int\frac{1}{2\sqrt{1+x^2}}\cdot\cos\sqrt{1+x^2}\mathrm{d}(1+x^2)\\&=\int\cos\sqrt{1+x^2}\mathrm{d}\sqrt{1+x^2}=\sin\sqrt{1+x^2}+C\end{aligned}$$

【例4-21】 求下列不定积分.

(1) $\int\frac{1}{(1+x^2)^2}\mathrm{d}x$　　(2) 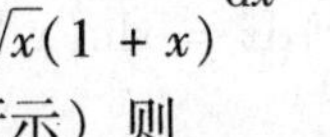 $\int\frac{\arctan\sqrt{x}}{\sqrt{x}(1+x)}\mathrm{d}x$

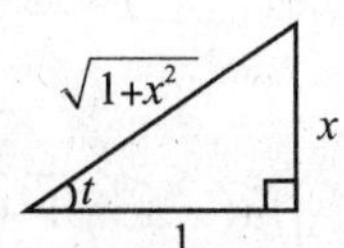

图4-5

解: (1) 令 $x=\tan t$, $\mathrm{d}x=\sec^2 t\mathrm{d}t$, (如图4-5所示) 则

$$\int \frac{1}{(1+x^2)^2}dx = \int \frac{1}{\sec^4 t}\cdot \sec^2 t dt = \int \cos^2 t dt = \int \frac{1+\cos 2t}{2}dt$$

$$= \frac{t}{2} + \frac{1}{4}\sin 2t + C = \frac{1}{2}\arctan x + \frac{1}{2}\frac{x}{\sqrt{1+x^2}}\cdot\frac{1}{\sqrt{1+x^2}} + C$$

$$= \frac{1}{2}\arctan x + \frac{x}{2(1+x^2)} + C$$

(2) $\int \frac{\arctan\sqrt{x}}{\sqrt{x}(1+x)}dx = 2\int \frac{\arctan\sqrt{x}}{1+x}d\sqrt{x}$

$$= 2\int \arctan\sqrt{x}\,d\arctan\sqrt{x} = (\arctan\sqrt{x})^2 + C$$

【例 4-22】求下列不定积分.

(1) $\int \arcsin x dx$　　(2) $\int e^x\cos 2x dx$

(3) $\int \sin\ln x dx$　　(4) $\int \sin\sqrt{x}dx$

(5) $\int \ln(x+\sqrt{1+x^2})dx$　　(6) $\int \sin x\cdot \ln\tan x dx$

解: (1) $\int \arcsin x dx = x\arcsin x - \int x\cdot\frac{1}{\sqrt{1-x^2}}dx$

$$= x\arcsin x + \frac{1}{2}\int\frac{1}{\sqrt{1-x^2}}d(1-x^2) = x\arcsin x + \sqrt{1-x^2} + C$$

(2) $\int e^x\cos 2x dx = \int \cos 2x de^x = e^x\cos 2x + 2\int e^x\sin 2x dx$

$$= e^x\cos 2x + 2\int \sin 2x de^x$$

$$= e^x\cos 2x + 2e^x\sin 2x - 4\int e^x\cdot\cos 2x dx$$

$$\int e^x\cos 2x dx = \frac{1}{5}(e^x\cos 2x + 2e^x\sin 2x) + C$$

(3) $\int \sin\ln x dx = x\sin\ln x - \int x\cdot\cos\ln x\cdot\frac{1}{x}dx$

$$= x\sin\ln x - x\cos\ln x - \int x\cdot\sin\ln x\cdot\frac{1}{x}dx$$

$$\int \sin\ln x dx = \frac{x}{2}(\sin\ln x - \cos\ln x) + C$$

(4) 令$\sqrt{x}=t$，$x=t^2$，$dx=2tdt$，则

$$\int\sin\sqrt{x}dx = \int \sin t\cdot 2t dt = -\int 2t d\cos t = -2t\cos t + 2\int\cos t dt$$

$$= -2t\cos t + 2\sin t + C = -2\sqrt{x}\cos\sqrt{x} + 2\sin\sqrt{x} + C$$

(5) $\int\ln(x+\sqrt{1+x^2})dx = x\ln(x+\sqrt{1+x^2}) - \int x\cdot\frac{1}{x+\sqrt{1+x^2}}\left(1+\frac{x}{\sqrt{1+x^2}}\right)dx$

$$= x\ln(x+\sqrt{1+x^2}) - \frac{1}{2}\int\frac{1}{\sqrt{1+x^2}}d(1+x^2)$$

$$= x\ln(x+\sqrt{1+x^2}) - \sqrt{1+x^2} + C$$

(6) $\int \sin x \cdot \ln\tan x dx = -\int \ln\tan x d\cos x$

$$= -\cos x \cdot \ln\tan x + \int \cos x \cdot \cot x \cdot \sec^2 x dx$$

$$= -\cos x \cdot \ln\tan x + \int \csc x dx$$

$$= -\cos x \cdot \ln\tan x + \ln|\csc x - \cot x| + C$$

4.4　复习题4解析

【例4-23】求下列不定积分.

(1) $\int \frac{1}{(1+e^x)^2}dx$　　(2) $\int \frac{\arctan x}{x^2(1+x^2)}dx$

(3) $\int \frac{\sin x\cos^3 x}{1+\cos^2 x}dx$　　(4) $\int \frac{1-\cos x}{1+\cos x}dx$

(5) $\int \frac{dx}{e^x(1+e^{2x})}$　　(6) $\int \frac{x+\sin x}{1+\cos x}dx$

(7) $\int \frac{\text{arccot}\, e^x}{e^x}dx$　　(8) $\int \frac{e^{3x}+e^x}{e^{4x}-e^{2x}+1}dx$

解: (1) $\int \frac{1}{(1+e^x)^2}dx = \int \frac{dx}{e^{2x}(e^{-x}+1)^2} = \int \frac{e^{-2x}dx}{(e^{-x}+1)^2} = -\int \frac{e^{-x}de^{-x}}{(e^{-x}+1)^2}$

$$= -\int \frac{e^{-x}+1-1}{(e^{-x}+1)^2}de^{-x} = \int \frac{1}{(e^{-x}+1)^2}d(e^{-x}+1) - \int \frac{1}{e^{-x}+1}d(e^{-x}+1)$$

$$= -\frac{1}{e^{-x}+1} - \ln(e^{-x}+1) + C$$

(2) $\int \frac{\arctan x}{x^2(1+x^2)}dx = \int\left(\frac{\arctan x}{x^2} - \frac{\arctan x}{1+x^2}\right)dx$

$$= -\int \arctan x d\frac{1}{x} - \int \arctan x d\arctan x$$

$$= -\frac{1}{x}\arctan x + \int \frac{1}{x(1+x^2)}dx - \frac{1}{2}(\arctan x)^2$$

$$= -\frac{1}{x}\arctan x - \frac{1}{2}(\arctan x)^2 + \int\left(\frac{1}{x} - \frac{x}{1+x^2}\right)dx$$

$$= -\frac{1}{x}\arctan x - \frac{1}{2}(\arctan x)^2 + \ln|x| - \frac{1}{2}\ln(1+x^2) + C$$

(3) $\int \frac{\sin x\cos^3 x}{1+\cos^2 x}dx = -\int \frac{\cos^3 x}{1+\cos^2 x}d\cos x$

$$= -\frac{1}{2}\int \frac{\cos^2 x+1-1}{1+\cos^2 x}d\cos^2 x = -\frac{1}{2}\int\left(1 - \frac{1}{1+\cos^2 x}\right)d\cos^2 x$$

$$= -\frac{1}{2}[\cos^2 x - \ln(1+\cos^2 x)] + C$$

$$(4)\int\frac{1-\cos x}{1+\cos x}dx=\int\frac{(1-\cos x)^2}{1-\cos^2x}dx$$

$$=\int\frac{1-2\cos x+\cos^2x}{\sin^2x}dx=\int\frac{2-2\cos x-\sin^2x}{\sin^2x}dx$$

$$=-2\cot x+2\csc x-x+C$$

$$=2\tan\frac{x}{2}-x+C$$

$$(5)\int\frac{dx}{e^x(1+e^{2x})}=\int\left(\frac{1}{e^x}-\frac{e^x}{1+e^{2x}}\right)dx$$

$$=\int e^{-x}dx-\int\frac{1}{1+e^{2x}}de^x=-e^{-x}-\arctan e^x+C$$

$$(6)\int\frac{x+\sin x}{1+\cos x}dx=\int\frac{x}{1+\cos x}dx-\int\frac{d\cos x}{1+\cos x}$$

$$=\int\frac{x}{2\cos^2\frac{x}{2}}dx-\ln(1+\cos x)=\int x d\tan\frac{x}{2}-\ln(1+\cos x)$$

$$=x\tan\frac{x}{2}-\int\tan\frac{x}{2}dx-\ln(1+\cos x)$$

$$=x\tan\frac{x}{2}+2\ln\cos\frac{x}{2}-\ln\left(2\cos^2\frac{x}{2}\right)+C_1$$

$$=x\tan\frac{x}{2}+2\ln\cos\frac{x}{2}-\ln 2-2\ln\cos\frac{x}{2}+C_1$$

$$=x\tan\frac{x}{2}+C$$

$$(7)\int\frac{\operatorname{arccot} e^x}{e^x}dx=-\int\operatorname{arccot} e^x de^{-x}=-e^{-x}\operatorname{arccot} e^x+\int e^{-x}\cdot\frac{-1}{1+e^{2x}}\cdot e^x dx$$

$$=-e^{-x}\operatorname{arccot} e^x-\int\frac{1}{1+e^{2x}}dx=-e^{-x}\operatorname{arccot} e^x+\frac{1}{2}\int\frac{1}{1+e^{-2x}}de^{-2x}$$

$$=-e^{-x}\operatorname{arccot} e^x+\frac{1}{2}\ln(1+e^{-2x})+C$$

$$=-e^{-x}\operatorname{arccot} e^x+\frac{1}{2}\ln(1+e^{2x})-x+C$$

$$(8)\int\frac{e^{3x}+e^x}{e^{4x}-e^{2x}+1}dx=\int\frac{e^x+e^{-x}}{e^{2x}-1+e^{-2x}}dx=\int\frac{d(e^x-e^{-x})}{(e^x-e^{-x})^2+1}$$

$$=\arctan(e^x-e^{-x})+C$$

练 习 题 4

1. 填空题.

(1) $d\int df(x)=$ ________.

(2) 已知 $\int f(x)dx=\sin^2x+C$，则 $f(x)=$ ________.

(3) 已知 $\left(\int f(x)\mathrm{d}x\right)' = \ln x$，则 $f(x) =$ ________.

(4) $\int f'(2x)\mathrm{d}x =$ ________.

(5) 若 $\int f(x)\mathrm{d}x = \cos x + C$，则 $\int xf(x^2)\mathrm{d}x =$ ________.

(6) 若 $f(x) = \frac{1}{2}x^2$，则 $\int f'(x^2)\mathrm{d}x =$ ________.

(7) 已知 $f(x)$ 的一个原函数为 $\frac{\sin x}{x}$，则 $\int xf'(x)\mathrm{d}x =$ ________.

(8) 已知 $[\ln f(x)]' = \cos x$，则 $f(x) =$ ________.

(9) 若 $\int f(x)\mathrm{d}x = F(x) + C$，则 $\int \mathrm{e}^x \cdot f(\mathrm{e}^x)\mathrm{d}x =$ ________.

2. 单选题.

(1) 设 $f(x)$ 为连续函数，则 $\left(\int f(x)\mathrm{d}x\right)' =$ (　　).

A. $f(x) + C$　　B. $f(x)$　　C. $f(x)\mathrm{d}x$　　D. $f'(x)$

(2) 设 $f'(x)$ 是连续函数，则 $\mathrm{d}\int f'(x)\mathrm{d}x =$ (　　).

A. $f(x)$　　B. $f'(x)$　　C. $f(x)\mathrm{d}x$　　D. $f'(x)\mathrm{d}x$

(3) 若 $\frac{\ln x}{x}$ 是 $f(x)$ 的一个原函数，则 $\int xf'(x)\mathrm{d}x =$ (　　).

A. $\frac{\ln x}{x} + C$　　B. $\frac{1+\ln x}{x^2} + C$

C. $\frac{1}{x} + C$　　D. $\frac{1-2\ln x}{x} + C$

(4) 设 $\int f(x)\mathrm{d}x = \frac{1}{2}\ln(1+x^2) + C$，则 $\int \frac{1}{x}f(x)\mathrm{d}x =$ (　　).

A. $\arctan x + C$　　B. $\operatorname{arccot} x + C$

C. $\frac{1}{2}\ln(1+x^2) + C$　　D. $-\frac{1}{x} + C$

(5) 已知 $f'(\cos x) = \sin x$，则 $f(\cos x) =$ (　　).

A. $-\cos x + C$　　B. $\cos x + C$

C. $\frac{1}{4}\sin 2x - \frac{x}{2} + C$　　D. $\frac{x}{2} - \frac{1}{4}\sin 2x + C$

(6) 若 $f'(x^2) = \frac{1}{x}(x>0)$，则 $f(x) =$ (　　).

A. $2x + C$　　B. $\ln x + C$　　C. $2\sqrt{x} + C$　　D. $\frac{1}{\sqrt{x}} + C$

(7) 若 $f(x) = \mathrm{e}^{-x}$，则 $\int \frac{f'(\ln x)}{x}\mathrm{d}x =$ (　　).

A. $\frac{1}{x} + C$　　B. $-\frac{1}{x} + C$　　C. $\ln x + C$　　D. $-\ln x + C$

(8) $\int x\mathrm{d}f'(x) = ($　　$)$.

A. $xf(x)-f(x)+C$　　B. $xf'(x)-f(x)+C$

C. $xf'(x)-f'(x)+C$　　D. $xf(x)-f'(x)+C$

(9) 设$f(x)=\mathrm{e}^{-x}$，则$\int xf'(x)\mathrm{d}x = ($　　$)$.

A. $x\mathrm{e}^{-x}+\mathrm{e}^{-x}+C$　　B. $x\mathrm{e}^{-x}-\mathrm{e}^{-x}+C$

C. $x\mathrm{e}^{-x}+C$　　D. $-x\mathrm{e}^{-x}+C$

3. 计算下列不定积分.

(1) $\int\cos\left(2x-\frac{\pi}{3}\right)\mathrm{d}x$　　(2) $\int\sqrt[3]{(2x-1)^2}\mathrm{d}x$

(3) $\int x\cos x^2\mathrm{d}x$　　(4) $\int\frac{1}{\sqrt{x}(1+x)}\mathrm{d}x$

(5) $\int\frac{\mathrm{e}^x}{1+\mathrm{e}^{2x}}\mathrm{d}x$　　(6) $\int\sin^3x\cdot\cos x\mathrm{d}x$

(7) $\int\frac{1}{x}\cdot\sin\ln x\mathrm{d}x$　　(8) $\int\frac{1}{x^2}\cdot\sin\frac{1}{x}\mathrm{d}x$

(9) $\int\frac{\ln x}{x\sqrt{1+\ln^2x}}\mathrm{d}x$　　(10) $\int\frac{\sqrt{\mathrm{e}^x}}{2(1+\mathrm{e}^x)}\mathrm{d}x$

4. 计算下列不定积分.

(1) $\int\frac{x+1}{\sqrt[3]{3x+1}}\mathrm{d}x$　　(2) $\int\frac{\sqrt{x}}{1+\sqrt[3]{x}}\mathrm{d}x$

(3) $\int\frac{1}{x\sqrt{4-x^2}}\mathrm{d}x$　　(4) $\int\frac{\sqrt{x^2-9}}{x^2}\mathrm{d}x$

(5) $\int\frac{x^2}{(1+x^2)^2}\mathrm{d}x$　　(6) $\int\frac{1}{x(x^{10}+1)}\mathrm{d}x$

5. 计算下列不定积分.

(1) $\int x^2\cos x\mathrm{d}x$　　(2) $\int x^2\mathrm{e}^{3x}\mathrm{d}x$

(3) $\int x\ln(1+x^4)\mathrm{d}x$　　(4) $\int x^2\arccos x\mathrm{d}x$

6. 设$f(x)$的原函数是$\frac{\cos x}{x}$，求$\int xf'(x)\mathrm{d}x$.

7. 设$f(x)$的原函数是$\frac{\sin x}{x}$，求$\int xf'(2x)\mathrm{d}x$.

8. 设$f'(\mathrm{e}^x)=1+\mathrm{e}^{2x}$，且$f(0)=1$，求$f(x)$.

9. 已知$f(x)$二阶可导，求$\int xf''(2x-1)\mathrm{d}x$.

第5章　定积分及其应用

5.1　内容概要

5.1.1　定积分的概念与性质

1. 定积分的定义

设函数$f(x)$在区间$[a,b]$上有界，在$[a,b]$中任意插入$n-1$个分点，即$a=x_0<x_1<x_2<\cdots<x_{n-1}<x_n=b$，将区间$[a,b]$分成$n$个小区间$[x_0,x_1]$，$[x_1,x_2]$，$[x_2,x_3]$，…，$[x_{n-1},x_n]$其长度分别为$\Delta x_1$，$\Delta x_2$，$\Delta x_3$，…，$\Delta x_n$，在每个小区间$[x_{i-1},x_i]$上任取一点$\xi_i$ $(x_{i-1}\leqslant\xi_i\leqslant x_i)$作乘积$f(\xi_i)\Delta x_i$，作和式$S=\sum\limits_{i=1}^{n}f(\xi_i)\Delta x_i$，$(i=1, 2, \cdots, n)$.

如果当$\lambda=\max\{\Delta x_1,\Delta x_2,\cdots,\Delta x_n\}\to 0$时，不论对$[a,b]$怎样的分法及$\xi_i\in[x_{i-1},x_i]$ $(i=1, 2, \cdots, n)$怎样的取法，和式S的极限总存在，称这个极限值为函数$f(x)$在区间$[a,b]$上的定积分，简称积分，记作$\int_a^b f(x)\mathrm{d}x$，即$\int_a^b f(x)\mathrm{d}x=\lim\limits_{\lambda\to 0}\sum\limits_{i=1}^{n}f(\xi_i)\Delta x_i$，当$f(x)$在区间$[a,b]$上的定积分存在时，则称$f(x)$在区间$[a,b]$上可积.

【定积分定义　要点】

（1）定积分的值只与被积函数及积分区间有关，而与积分变量的字母无关.

（2）定积分$\int_a^b f(x)\mathrm{d}x$是一个极限值，即$\int_a^b f(x)\mathrm{d}x$是一个实数.

（3）定积分的上下限互换时，定积分变号$\int_a^b f(x)\mathrm{d}x=-\int_b^a f(x)\mathrm{d}x$.

（4）若$a=b$，规定$\int_a^a f(x)\mathrm{d}x=0$.

（5）若在区间$[a,b]$上，有$f(x)\equiv 1$，则$\int_a^b f(x)\mathrm{d}x=\int_a^b \mathrm{d}x=b-a$.

（6）若在区间$[a,b]$上，有$f(x)\equiv 0$，则$\int_a^b f(x)\mathrm{d}x=\int_a^b 0\mathrm{d}x=0$.

2. 定积分的几何意义

当$f(x)\geqslant 0$时，定积分$\int_a^b f(x)\mathrm{d}x$在几何上表示曲线$y=f(x)$，直线$x=a$，$x=b$及Ox轴所围成的曲边梯形的面积.

当$f(x)\leqslant 0$时，曲线在Ox轴的下方，定积分$\int_a^b f(x)\mathrm{d}x\leqslant 0$，则$\int_a^b f(x)\mathrm{d}x$表示曲边梯形面积的相反数.

当$f(x)$在区间$[a,b]$上有正有负时，它的图形有部分在Ox轴的上方，也有部分在Ox轴的下方，则$\int_a^b f(x)\mathrm{d}x$表示由曲线$y=f(x)$，直线$x=a$，$x=b$及Ox轴所围成的曲边梯形面积的代数和.

3. 定积分的性质

(1) $\int_a^b kf(x)\mathrm{d}x = k\int_a^b f(x)\mathrm{d}x$

(2) $\int_a^b [f(x) \pm g(x)]\mathrm{d}x = \int_a^b f(x)\mathrm{d}x \pm \int_a^b g(x)\mathrm{d}x$

$\int_a^b [kf(x) \pm lg(x)]\mathrm{d}x = k\int_a^b f(x)\mathrm{d}x \pm l\int_a^b g(x)\mathrm{d}x$

(3) $\int_a^b f(x)\mathrm{d}x = \int_a^c f(x)\mathrm{d}x + \int_c^b f(x)\mathrm{d}x$

(4) 如果在区间$[a,b]$上，有$f(x) \leqslant g(x)$，则$\int_a^b f(x)\mathrm{d}x \leqslant \int_a^b g(x)\mathrm{d}x$，若$f(x) \geqslant 0$，则$\int_a^b f(x)\mathrm{d}x \geqslant 0$.

(5) 如果函数$f(x)$在区间$[a,b]$上的最大值M，最小值m，则$m(b-a) \leqslant \int_a^b f(x)\mathrm{d}x \leqslant M(b-a)$.

(6) 如果函数$f(x)$在区间$[a,b]$上连续，则在$[a,b]$上至少存在一点ξ，使得

$$\int_a^b f(x)\mathrm{d}x = f(\xi)(b-a),\ a \leqslant \xi \leqslant b$$

性质(6)称为定积分中值定理，它的几何意义是在区间$[a,b]$上的连续函数$f(x)$，在$[a,b]$上至少存在一点ξ，使得以$f(x)$为顶的曲边梯形的面积，等于高为$f(\xi)$，底为$b-a$的矩形面积.

5.1.2 微积分基本定理

1. 变上限的积分

(1) 设函数$f(x)$在区间$[a,b]$上连续，对任意的$x(a \leqslant x \leqslant b)$，积分$\int_a^x f(t)\mathrm{d}t$是定义在区间$[a,b]$上的一个函数，这是上限为变量的积分，称为变上限的积分，记作$\Phi(x)$，即

$$\Phi(x) = \int_a^x f(t)\mathrm{d}t,\ a \leqslant x \leqslant b$$

(2) 如果函数$f(x)$在区间$[a,b]$上连续，则$\Phi(x) = \int_a^x f(t)\mathrm{d}t$在区间$[a,b]$上可导，且$\Phi'(x) = \frac{\mathrm{d}}{\mathrm{d}x}\int_a^x f(t)\mathrm{d}t = f(x)$.

(3) 如果函数$f(x)$在区间$[a,b]$上连续，则$\Phi(x) = \int_a^x f(t)\mathrm{d}t$就是$f(x)$在$[a,b]$上的一个原函数.

2. 微积分基本定理

(1) 设$f(x)$在区间$[a,b]$上连续，且$F(x)$是$f(x)$在区间$[a,b]$上的一个原函数，则

$$\int_a^b f(x)\mathrm{d}x = F(b) - F(a)$$

(2) 微积分基本定理揭示了定积分与不定积分之间的内在联系，被积函数$f(x)$在区间$[a,b]$上的定积分等于它的任意一个原函数$F(x)$在区间两个端点的函数值的差$F(b) -$

$F(a)$.

（3）当计算定积分需用到凑微分法时，只要用不定积分的凑微分方法求出原函数，再代入给定的积分上下限求出函数值的差.

5.1.3　定积分的换元积分法

1. 定积分的换元积分法

设函数 $f(x)$ 在区间 $[a,b]$ 上连续，令 $x=\varphi(t)$，如果 $\varphi(t)$ 在区间 $[\alpha,\beta]$ 上是具有连续导数的单值函数，当 t 在区间 $[\alpha,\beta]$ 上变化时，x 在区间 $[a,b]$ 上变化且 $\varphi(\alpha)=a$，$\varphi(\beta)=b$，则有定积分的换元积分公式：

$$\int_a^b f(x)\mathrm{d}x = \int_\alpha^\beta f[\varphi(t)]\varphi'(t)\mathrm{d}t = [F(t)]_\alpha^\beta = F(\beta) - F(\alpha)$$

2. 定积分的分部积分法

设函数 $u=u(x)$，$v=v(x)$ 在区间 $[a,b]$ 上有连续导数，则 $\int_a^b u\mathrm{d}v = [uv]_a^b - \int_a^b v\mathrm{d}u$ 称为定积分的分部积分公式.

5.1.4　定积分的应用

1. 平面图形的面积

（1）连续曲线 $y=f(x)$，$y=g(x)$，$f(x)>g(x)$ 及直线 $x=a$，$x=b$ 所围成的封闭图形，选 x 为积分变量，$[a,b]$ 为积分区间，在区间 $[a,b]$ 上任取两点 x 及 $x+\mathrm{d}x$，得到一个以 $\mathrm{d}x$ 为底，$f(x)-g(x)$ 为高的小矩形，用这个小矩形的面积近似代替小曲边梯形的面积，小矩形的面积为 $\mathrm{d}S=[f(x)-g(x)]\mathrm{d}x$，取从 a 到 b 的定积分，得

$$S = \int_a^b [f(x) - g(x)]\mathrm{d}x$$

（2）连续曲线 $x=\varphi(y)$，$x=\psi(y)$，$\varphi(y)>\psi(y)$ 及直线 $y=c$，$y=\mathrm{d}$ 所围成的封闭图形，选 y 为积分变量，$[c,\mathrm{d}]$ 为积分区间，在区间 $[c,\mathrm{d}]$ 上任取两点 y 及 $y+\mathrm{d}y$，得到一个以 $\mathrm{d}y$ 为底边，$\varphi(y)-\psi(y)$ 为高的小矩形，用这个小矩形的面积近似代替小曲边梯形的面积，小矩形的面积为 $\mathrm{d}S=[\varphi(y)-\psi(y)]\mathrm{d}y$，对上式取从 c 到 d 的定积分，得

$$S = \int_c^{\mathrm{d}} [\varphi(y) - \psi(y)]\mathrm{d}y$$

2. 旋转体的体积

（1）连续曲线 $y=f(x)$，直线 $x=a$，$x=b$ 和 Ox 轴所围成的平面图形绕 Ox 轴旋转一周得到的几何体称为旋转体，在区间 $[a,b]$ 内任取两点 x，$x+\mathrm{d}x$，在小区间 $[x,x+\mathrm{d}x]$ 上，小旋转体的体积可以用以 $f(x)$ 为半径，$\mathrm{d}x$ 为高的小圆柱体的体积近似代替，而小圆柱体的体积为 $\mathrm{d}V_x=\pi[f(x)]^2\mathrm{d}x$，取从 a 到 b 的定积分，得 $V_x = \pi\int_a^b [f(x)]^2\mathrm{d}x$.

（2）连续曲线 $x=\varphi(y)$，直线 $y=c$，$y=\mathrm{d}$ 和 y 轴所围成的平面图形绕 y 轴旋转一周得到的旋转体，在区间 $[c,\mathrm{d}]$ 内任取两点 y，$y+\mathrm{d}y$，在小区间 $[y,y+\mathrm{d}y]$ 上，小旋转体的体积可以用以 $x=\varphi(y)$ 为半径，$\mathrm{d}y$ 为高的小圆柱体的体积近似代替，而小圆柱体的体积为 $\mathrm{d}V_y=\pi[\varphi(y)]^2\mathrm{d}y$，对上式取从 c 到 d 的定积分，得 $V_y = \pi\int_c^{\mathrm{d}} [\varphi(y)]^2\mathrm{d}y$.

5.2 重要题型及解题方法

5.2.1 定积分的基本概念题

【解题方法】

(1) 定积分由积分区间$[a,b]$和被积函数$f(x)$确定，与积分变量用什么字母表示无关

即 $\int_a^b f(x)\mathrm{d}x = \int_a^b f(t)\mathrm{d}t = \int_a^b f(u)\mathrm{d}u\cdots$

(2) 定积分反映的是函数在区间上的整体性质，即

$$\int_a^b f(x)\mathrm{d}x > \int_a^b g(x)\mathrm{d}x\text{，不一定有}f(x) > g(x)\text{，}a\leqslant x\leqslant b;$$

$$\int_a^b f(x)\mathrm{d}x > 0\text{，不一定有}f(x) > 0\text{，}a\leqslant x\leqslant b.$$

(3) 利用奇、偶函数在对称区间上的定积分的结论，即

$$\int_{-a}^a f(x)\mathrm{d}x = \begin{cases} 0, & f(x)\text{为奇函数} \\ 2\int_0^a f(x)\mathrm{d}x, & f(x)\text{为偶函数} \end{cases}$$

(4) $\forall x\in[a,b]$，定积分$\int_a^b f(x)\mathrm{d}x$是一个实数.

(5) $\frac{\mathrm{d}}{\mathrm{d}x}\int_a^b f(x)\mathrm{d}x = 0$ 或 $\left(\int_a^b f(x)\mathrm{d}x\right)' = 0$

(6) 定积分$\int_a^b f(x)\mathrm{d}x$，只要考虑$f(x)$在$\forall x\in[a,b]\subseteq D$.

【例 5-1】 比较下列定积分的大小.

(1) $\int_0^1 x^3\mathrm{d}x$ 与 $\int_0^1 t^2\mathrm{d}t$　　(2) $\int_1^2 \ln x\mathrm{d}x$ 与 $\int_1^2 \ln^2 x\mathrm{d}x$

(3) $\int_{-1}^1 x^2\mathrm{d}x$ 与 $\int_{-1}^1 x^2\sin x\mathrm{d}x$　　(4) $\int_{-\frac{\pi}{2}}^{\frac{\pi}{2}} \sin x\mathrm{d}x$ 与 $\int_{-\frac{\pi}{2}}^{\frac{\pi}{2}} \cos x\mathrm{d}x$

解： (1) 当$0\leqslant x\leqslant 1$时，$x^3\leqslant x^2$，得$\int_0^1 x^3\mathrm{d}x \leqslant \int_0^1 x^2\mathrm{d}x = \int_0^1 t^2\mathrm{d}t.$

(2) 当$1\leqslant x\leqslant 2$时，$\ln x\geqslant \ln^2 x$，得$\int_1^2 \ln x\mathrm{d}x \geqslant \int_1^2 \ln^2 x\mathrm{d}x.$

(3) 由$\int_{-1}^1 x^2\mathrm{d}x = 2\int_0^1 x^2\mathrm{d}x > 0$，$\int_{-1}^1 x^2\sin x\mathrm{d}x = 0$，得$\int_{-1}^1 x^2\mathrm{d}x > \int_{-1}^1 x^2\sin x\mathrm{d}x.$

(4) 由$\int_{-\frac{\pi}{2}}^{\frac{\pi}{2}} \sin x\mathrm{d}x = 0$，$\int_{-\frac{\pi}{2}}^{\frac{\pi}{2}} \cos x\mathrm{d}x = 2\int_0^{\frac{\pi}{2}} \cos x\mathrm{d}x > 0$，得$\int_{-\frac{\pi}{2}}^{\frac{\pi}{2}} \cos x\mathrm{d}x > \int_{-\frac{\pi}{2}}^{\frac{\pi}{2}} \sin x\mathrm{d}x.$

【例 5-2】 计算定积分 $\int_{-1}^1 \frac{x\ln(1+x^2)}{1+x^2}\mathrm{d}x.$

解： $f(x) = \frac{x\ln(1+x^2)}{1+x^2}$在$[-1,1]$上是奇函数，由对称区间上奇函数积分的性质，得

$$\int_{-1}^{1} \frac{x\ln(1+x^2)}{1+x^2}\mathrm{d}x = 0$$

5.2.2　变上限积分的计算题

【解题方法】

(1) $f(x)$为连续函数，变上限的积分$\int_a^x f(t)\,\mathrm{d}t$是上限 x 的函数且

$$\frac{\mathrm{d}}{\mathrm{d}x}\int_a^x f(t)\,\mathrm{d}t = f(x) \text{ 或}\left(\int_a^x f(t)\,\mathrm{d}t\right)' = f(x)$$

(2) 对变下限的定积分$\int_x^b f(t)\,\mathrm{d}t$，有

$$\left(\int_x^b f(t)\,\mathrm{d}t\right)' = -\left(\int_b^x f(t)\,\mathrm{d}t\right)' = -f(x)$$

(3) 对上限是 x 的函数的定积分，有

$$\left(\int_a^{\varphi(x)} f(t)\,\mathrm{d}t\right)' = f[\varphi(x)]\cdot\varphi'(x)$$

(4) 对下限是 x 的函数的定积分，有

$$\left(\int_{\psi(x)}^{b} f(t)\,\mathrm{d}t\right)' = -\left(\int_b^{\psi(x)} f(t)\,\mathrm{d}t\right)' = -f[\psi(x)]\cdot\psi'(x)$$

(5) 对上、下限都是 x 的函数的定积分$\int_{\psi(x)}^{\varphi(x)} f(t)\,\mathrm{d}t$，有

$$\begin{aligned}\left(\int_{\psi(x)}^{\varphi(x)} f(t)\,\mathrm{d}t\right)' &= \left(\int_{\psi(x)}^{c} f(t)\,\mathrm{d}t + \int_c^{\varphi(x)} f(t)\,\mathrm{d}t\right)' \\ &= f[\varphi(x)]\cdot\varphi'(x) - f[\psi(x)]\cdot\psi'(x)\end{aligned}$$

(6) 一般函数的讨论方法对变上限的积分都适用，如求极限、导数、极值等.

【例 5-3】求下列函数的导数.

(1) $F(x) = \int_0^x \frac{\sin t}{t}\mathrm{d}t$　　(2) $F(x) = \int_x^1 t^2\mathrm{e}^{-t}\mathrm{d}t$

(3) $F(x) = \int_0^{x^3} \frac{1}{1+t^3}\mathrm{d}t$　　(4) $F(x) = \int_0^x (x-t)\cos t\mathrm{d}t$

解：(1) $F'(x) = \left(\int_0^x \frac{\sin t}{t}\mathrm{d}t\right)' = \frac{\sin x}{x}$

(2) $F'(x) = \left(\int_x^1 t^2\mathrm{e}^{-t}\mathrm{d}t\right)' = -x^2\mathrm{e}^{-x}$

(3) $F'(x) = \left(\int_0^{x^3} \frac{1}{1+t^3}\mathrm{d}t\right)' = \frac{1}{1+x^9}\cdot(x^3)' = \frac{3x^2}{1+x^9}$

(4) $F'(x) = \left(\int_0^x (x-t)\cos t\mathrm{d}t\right)' = \left(x\int_0^x \cos t\mathrm{d}t - \int_0^x t\cos t\mathrm{d}t\right)'$

$$= \int_0^x \cos t\mathrm{d}t + x\cos x - x\cos x = \int_0^x \cos t\mathrm{d}t$$

【例 5-4】求下列函数的极限.

(1) $\lim\limits_{x\to0}\frac{\int_0^x \ln(1+t)\,\mathrm{d}t}{x^2}$　　(2) $\lim\limits_{x\to0}\frac{\int_0^x t^2\,\mathrm{d}t}{\int_0^x (1-\cos t)\,\mathrm{d}t}$

解：（1）极限属于$\frac{0}{0}$型，用洛必达法则，有

$$\lim_{x\to0}\frac{\int_0^x \ln(1+t)\mathrm{d}t}{x^2}=\lim_{x\to0}\frac{\ln(1+x)}{2x}=\lim_{x\to0}\frac{x}{2x}=\frac{1}{2}$$

（2）极限属于$\frac{0}{0}$型，用洛必达法则，有

$$\lim_{x\to0}\frac{\int_0^x t^2\mathrm{d}t}{\int_0^x(1-\cos t)\mathrm{d}t}=\lim_{x\to0}\frac{x^2}{1-\cos x}=\lim_{x\to0}\frac{x^2}{\frac{1}{2}x^2}=2$$

【例 5-5】 设$f(x)=-2+\int_{-1}^{x}(t^2-1)\mathrm{d}t$，求$f(x)$的极值.

解：令$f'(x)=x^2-1=0$，得$x=-1$，1

$f''(x)=2x$，且$f''(-1)=-2<0$，$f''(1)=2>0$

当$x=-1$时，$f(x)$有极大值，则

$$f(-1)=-2+\int_{-1}^{-1}(t^2-1)\mathrm{d}t=-2$$

当$x=1$时，$f(x)$有极小值，则

$$f(1)=-2+\int_{-1}^{1}(t^2-1)\mathrm{d}t=-\frac{10}{3}$$

5.2.3 定积分的计算

【解题方法】

（1）原函数法. 若$f(x)$在$[a,b]$上连续，且$F(x)$是$f(x)$的一个原函数，则由牛顿－莱布尼兹公式$\int_a^b f(x)\mathrm{d}x=F(x)\Big|_a^b=F(b)-F(a)$可求积分.

（2）凑元法.

$$\int_a^b f[\varphi(x)]\varphi'(x)\mathrm{d}x=\int_a^b f[\varphi(x)]\mathrm{d}\varphi(x)=F[\varphi(x)]\Big|_a^b=F[\varphi(b)]-F[\varphi(a)]$$

凑元法不引入变量t，因此，凑元法不换积分限.

（3）换元法.

$$\int_a^b f(x)\mathrm{d}x=\int_\alpha^\beta f[\varphi(t)]\varphi'(t)\mathrm{d}t=F(t)\Big|_\alpha^\beta=F(\beta)-F(\alpha)$$

换元法引入变量t，同时将x的积分限换成t的积分限，函数$x=\varphi(t)$满足单值、单调、可导.

（4）分部积分法. $\int_a^b u\mathrm{d}v=uv\Big|_a^b-\int_a^b v\mathrm{d}u$定积分的分部积分法中，每一项都有积分限，解法与不定积分的分部积分法相同，代入积分限可求得定积分.

（5）含绝对值的积分. $\int_a^b |f[\varphi(x)]|\,\mathrm{d}x$，按定积分的可加性，先去绝对值，化为分段函数，再分段计算定积分.

（6）含抽象函数的积分. 当被积函数中含有抽象函数时，先凑元，再用分部积分法

求解.

【例5-6】计算下列定积分.

(1) $\int_0^{\pi}\cos^2 x\mathrm{d}x$　　(2) $\int_0^1(1-x)\sqrt{x\sqrt{x}}\mathrm{d}x$

(3) $\int_0^1 2^x\mathrm{e}^x\mathrm{d}x$　　(4) $\int_0^1\frac{1}{\sqrt{4-x^2}}\mathrm{d}x$

解：(1) $\int_0^{\pi}\cos^2 x\mathrm{d}x=\frac{1}{2}\int_0^{\pi}(1+\cos 2x)\mathrm{d}x=\left(\frac{1}{2}x+\frac{1}{4}\sin 2x\right)\Big|_0^{\pi}=\frac{\pi}{2}$

(2) $\int_0^1(1-x)\sqrt{x\sqrt{x}}\mathrm{d}x=\int_0^1(x^{\frac{3}{4}}-x^{\frac{7}{4}})\mathrm{d}x=\left(\frac{4}{7}x^{\frac{7}{4}}-\frac{4}{11}x^{\frac{11}{4}}\right)\Big|_0^1=\frac{16}{77}$

(3) $\int_0^1 2^x\mathrm{e}^x\mathrm{d}x=\int_0^1(2\mathrm{e})^x\mathrm{d}x=\frac{(2\mathrm{e})^x}{\ln(2\mathrm{e})}\Big|_0^1=\frac{2\mathrm{e}-1}{\ln(2\mathrm{e})}$

(4) $\int_0^1\frac{1}{\sqrt{4-x^2}}\mathrm{d}x=\int_0^1\frac{1}{\sqrt{1-\left(\frac{x}{2}\right)^2}}\mathrm{d}\frac{x}{2}=\arcsin\frac{x}{2}\Big|_0^1=\frac{\pi}{6}$

【例5-7】计算下列定积分.

(1) $\int_1^4|x-2|\mathrm{d}x$　　(2) $\int_0^{2\pi}\sqrt{1+\cos x}\mathrm{d}x$

解：(1) $\int_1^4|x-2|\mathrm{d}x=\int_1^2(2-x)\mathrm{d}x+\int_2^4(x-2)\mathrm{d}x$

$$=\left(2x-\frac{1}{2}x^2\right)\Big|_1^2+\frac{1}{2}(x-2)^2\Big|_2^4=\frac{5}{2}$$

(2) $\int_0^{2\pi}\sqrt{1+\cos x}\mathrm{d}x=\int_0^{2\pi}\sqrt{2\cos^2\frac{x}{2}}\mathrm{d}x=\sqrt{2}\int_0^{2\pi}\left|\cos\frac{x}{2}\right|\mathrm{d}x$

$$=\sqrt{2}\int_0^{\pi}\cos\frac{x}{2}\mathrm{d}x+\sqrt{2}\int_{\pi}^{2\pi}\left(-\cos\frac{x}{2}\right)\mathrm{d}x$$

$$=2\sqrt{2}\sin\frac{x}{2}\Big|_0^{\pi}-2\sqrt{2}\sin\frac{x}{2}\Big|_{\pi}^{2\pi}$$

$$=4\sqrt{2}$$

【例5-8】求下列定积分.

(1) $\int_0^1\frac{1}{(2x+1)^3}\mathrm{d}x$　　(2) $\int_0^{\frac{\pi}{2}}\mathrm{e}^{\sin x}\cdot\cos x\mathrm{d}x$

(3) $\int_1^{\mathrm{e}}\frac{1+\ln^2 x}{x}\mathrm{d}x$　　(4) $\int_0^1\frac{\arctan x}{1+x^2}\mathrm{d}x$

解：(1) $\int_0^1\frac{1}{(2x+1)^3}\mathrm{d}x=\frac{1}{2}\int_0^1\frac{1}{(2x+1)^3}\mathrm{d}(2x+1)=-\frac{1}{4}(2x+1)^{-2}\Big|_0^1=\frac{2}{9}$

(2) $\int_0^{\frac{\pi}{2}}\mathrm{e}^{\sin x}\cdot\cos x\mathrm{d}x=\int_0^{\frac{\pi}{2}}\mathrm{e}^{\sin x}\mathrm{d}\sin x=\mathrm{e}^{\sin x}\Big|_0^{\frac{\pi}{2}}=\mathrm{e}-1$

(3) $\int_1^{\mathrm{e}}\frac{1+\ln^2 x}{x}\mathrm{d}x=\int_1^{\mathrm{e}}(1+\ln^2 x)\mathrm{d}\ln x=\left(\ln x+\frac{1}{3}\ln^3 x\right)\Big|_1^{\mathrm{e}}=\frac{4}{3}$

(4) $\int_0^1\frac{\arctan x}{1+x^2}\mathrm{d}x=\int_0^1\arctan x\mathrm{d}(\arctan x)=\frac{1}{2}\arctan^2 x\Big|_0^1=\frac{\pi^2}{32}$

【例 5-9】 求下列定积分.

(1) $\int_0^8 \frac{1}{1+\sqrt[3]{x}}dx$ (2) $\int_0^1 x^2\sqrt{1-x^2}dx$

(3) $\int_0^1 \frac{x}{\sqrt{3x+1}}dx$ (4) $\int_{\ln 3}^{\ln 15}\sqrt{e^x+1}dx$

解：(1) 令 $x=t^3$，$dx=3t^2dt$，x：$0\sim8$，t：$0\sim2$，则

$$\int_0^8 \frac{1}{1+\sqrt[3]{x}}dx = \int_0^2 \frac{1}{1+t}\cdot 3t^2dt = 3\int_0^2 \frac{t^2-1+1}{1+t}dt$$

$$= 3\int_0^2\left(t-1+\frac{1}{1+t}\right)dt = 3\left[\frac{t^2}{2}-t+\ln(1+t)\right]_0^2 = 3\ln 3$$

(2) 令 $x=\sin t$，$dx=\cos tdt$，x：$0\sim1$，t：$0\sim\frac{\pi}{2}$，则

$$\int_0^1 x^2\sqrt{1-x^2}dx = \int_0^{\frac{\pi}{2}}\sin^2t\sqrt{1-\sin^2t}\cos tdt$$

$$= \int_0^{\frac{\pi}{2}}\sin^2t\cos^2tdt = \frac{1}{4}\int_0^{\frac{\pi}{2}}\sin^2 2tdt$$

$$= \frac{1}{4}\int_0^{\frac{\pi}{2}}\frac{1-\cos4t}{2}dt = \frac{1}{8}\left(t-\frac{1}{4}\sin4t\right)\Big|_0^{\frac{\pi}{2}} = \frac{\pi}{16}$$

(3) 令 $\sqrt{3x+1}=t$，$x=\frac{1}{3}(t^2-1)$，$dx=\frac{2}{3}tdt$，x：$0\sim1$，t：$1\sim2$，则

$$\int_0^1 \frac{x}{\sqrt{3x+1}}dx = \int_1^2 \frac{\frac{1}{3}(t^2-1)}{t}\frac{2}{3}tdt = \frac{2}{9}\int_1^2(t^2-1)dt$$

$$= \frac{2}{9}\left(\frac{1}{3}t^3-t\right)\Big|_1^2 = \frac{8}{27}$$

(4) 令 $\sqrt{e^x+1}=t$，$x=\ln(t^2-1)$，$dx=\frac{2t}{t^2-1}dt$，x：$\ln3\sim\ln15$，t：$2\sim4$，则

$$\int_{\ln3}^{\ln15}\sqrt{e^x+1}dx = \int_2^4 t\frac{2t}{t^2-1}dt = 2\int_2^4\left(1+\frac{1}{t^2-1}\right)dt$$

$$= 4+2\int_2^4\frac{1}{t^2-1}dt = 4+\left(\ln\frac{t-1}{t+1}\right)\Big|_2^4 = 4+2\ln3-\ln5$$

【例 5-10】 求下列定积分.

(1) $\int_1^e \frac{1}{\sqrt{x}}\ln xdx$ (2) $\int_0^{\frac{\pi}{2}} x\cos xdx$

(3) $\int_0^1 \arctan xdx$ (4) $\int_0^{\frac{\pi}{2}} e^{-x}\cos xdx$

解：(1) $\int_1^e \frac{1}{\sqrt{x}}\ln xdx = \int_1^e \ln xd(2\sqrt{x}) = 2\sqrt{x}\ln x\Big|_1^e - \int_1^e 2\sqrt{x}\cdot\frac{1}{x}dx$

$$= 2\sqrt{e}-2\int_1^e\frac{1}{\sqrt{x}}dx = 2\sqrt{e}-4\sqrt{x}\Big|_1^e = 4-2\sqrt{e}$$

(2) $\int_0^{\frac{\pi}{2}} x\cos x\mathrm{d}x = \int_0^{\frac{\pi}{2}} x\mathrm{d}\sin x = (x\sin x)\Big|_0^{\frac{\pi}{2}} - \int_0^{\frac{\pi}{2}} \sin x\mathrm{d}x$

$= \frac{\pi}{2} + \cos x\Big|_0^{\frac{\pi}{2}} = \frac{\pi}{2} - 1$

(3) $\int_0^1 \arctan x\mathrm{d}x = x\arctan x\Big|_0^1 - \int_0^1 x \cdot \frac{1}{1+x^2}\mathrm{d}x$

$= \frac{\pi}{4} - \frac{1}{2}\int_0^1 \frac{1}{1+x^2}\mathrm{d}(1+x^2) = \frac{\pi}{4} - \frac{1}{2}\ln(1+x^2)\Big|_0^1 = \frac{\pi}{4} - \frac{1}{2}\ln 2$

(4) $I = \int_0^{\frac{\pi}{2}} \mathrm{e}^{-x}\cos x\mathrm{d}x = \int_0^{\frac{\pi}{2}} \mathrm{e}^{-x}\mathrm{d}\sin x = (\mathrm{e}^{-x}\sin x)\Big|_0^{\frac{\pi}{2}} - \int_0^{\frac{\pi}{2}} (-\mathrm{e}^{-x})\sin x\mathrm{d}x$

$= \mathrm{e}^{-\frac{\pi}{2}} - \int_0^{\frac{\pi}{2}} \mathrm{e}^{-x}\mathrm{d}\cos x = \mathrm{e}^{-\frac{\pi}{2}} - (\mathrm{e}^{-x}\cos x)\Big|_0^{\frac{\pi}{2}} + \int_0^{\frac{\pi}{2}} \cos x(-\mathrm{e}^{-x})\mathrm{d}x$

$= \mathrm{e}^{-\frac{\pi}{2}} + 1 - I$

$2I = \mathrm{e}^{-\frac{\pi}{2}} + 1$

$I = \int_0^{\frac{\pi}{2}} \mathrm{e}^{-x}\cos x\mathrm{d}x = \frac{1}{2}(\mathrm{e}^{-\frac{\pi}{2}} + 1)$

【例 5-11】 已知 $f(\pi)=1$，且 $\int_0^{\pi}[f(x)+f''(x)]\sin x\mathrm{d}x = 3$，求 $f(0)$.

解: $\int_0^{\pi}[f(x)+f''(x)]\sin x\mathrm{d}x = \int_0^{\pi} f(x)\sin x\mathrm{d}x + \int_0^{\pi} f''(x)\sin x\mathrm{d}x$

$\int_0^{\pi} f''(x)\sin x\mathrm{d}x = \int_0^{\pi} \sin x\mathrm{d}f'(x) = [\sin x f'(x)]_0^{\pi} - \int_0^{\pi} f'(x)\cos x\mathrm{d}x$

$= -\int_0^{\pi} \cos x\mathrm{d}f(x) = -f(x)\cos x\Big|_0^{\pi} - \int_0^{\pi} f(x)\sin x\mathrm{d}x$

$= f(\pi) + f(0) - \int_0^{\pi} f(x)\sin x\mathrm{d}x$

$\int_0^{\pi}[f(x)+f''(x)]\sin x\mathrm{d}x = f(\pi)+f(0) = 3$，$f(\pi)=1$，因此 $f(0)=2$.

【例 5-12】 设 $f(2x-1)=\frac{\ln x}{x}$，求 $\int_1^{2\mathrm{e}-1} f(t)\mathrm{d}t$.

解: 令 $2x-1=t$，$\mathrm{d}t=2\mathrm{d}x$，t：$1\sim 2\mathrm{e}-1$，x：$1\sim\mathrm{e}$，则

$\int_1^{2\mathrm{e}-1} f(t)\mathrm{d}t = \int_1^{\mathrm{e}} f(2x-1)2\mathrm{d}x$

$= 2\int_1^{\mathrm{e}} \frac{\ln x}{x}\mathrm{d}x = 2\int_1^{\mathrm{e}} \ln x\mathrm{d}\ln x = (\ln x)^2\Big|_1^{\mathrm{e}} = 1$

5.2.4　定积分恒等式的证明

【解题方法】

(1) 被积函数一端是 $f(x)$，另一端是 $f[\varphi(x)]$，可将 $f(x)$ 看成 $f(t)$，令 $t=\varphi(x)$.

(2) 被积函数一端是 $f(\sin x)$，另一端是 $f[\varphi(\sin x)]$，可令 $x=\pi-t$.

（3）被积函数一端是$f(\sin x)$，另一端是$f[\varphi(\cos x)]$，可令$x=\frac{\pi}{2}-t$.

（4）当两端被积函数相同，而积分区间不同时，可令$\varphi(x)=t$，使一端的积分限变成另一端的积分限.

（5）上述变换证明之后，都要利用$\int_a^b f(t)\mathrm{d}t=\int_a^b f(x)\mathrm{d}x$转化为$x$的表达式.

（6）当被积函数中含有抽象函数时，可考虑用分部积分法证明.

【例 5-13】 设$f(x)$是连续函数，证明：$\int_0^{\frac{\pi}{2}} f(\sin x)\mathrm{d}x=\int_0^{\frac{\pi}{2}} f(\cos x)\mathrm{d}x$.

证明： 令$x=\frac{\pi}{2}-t$，$\mathrm{d}x=-\mathrm{d}t$，x：$0\sim\frac{\pi}{2}$，t：$\frac{\pi}{2}\sim 0$，则

$$\int_0^{\frac{\pi}{2}} f(\sin x)\mathrm{d}x=\int_{\frac{\pi}{2}}^0 f\left[\sin\left(\frac{\pi}{2}-t\right)\right](-\mathrm{d}t)=-\int_{\frac{\pi}{2}}^0 f(\cos t)\mathrm{d}t$$

$$=\int_0^{\frac{\pi}{2}} f(\cos t)\mathrm{d}t=\int_0^{\frac{\pi}{2}} f(\cos x)\mathrm{d}x.$$

【例 5-14】 设$f(x)$是$[a,b]$上的连续函数，证明：$\int_a^b f(x)\mathrm{d}x=\int_a^b f(a+b-x)\mathrm{d}x$.

证明： 令$t=a+b-x$，$\mathrm{d}x=-\mathrm{d}t$，x：$a\sim b$，t：$b\sim a$，则

$$\int_a^b f(a+b-x)\mathrm{d}x=\int_b^a f(t)(-\mathrm{d}t)=\int_a^b f(t)\mathrm{d}t=\int_a^b f(x)\mathrm{d}x$$

即 $\int_a^b f(x)\mathrm{d}x=\int_a^b f(a+b-x)\mathrm{d}x$

【常用定积分公式】

（1）估值公式：若$m\leqslant f(x)\leqslant M$，则$m(b-a)\leqslant\int_a^b f(x)\mathrm{d}x\leqslant M(b-a)$

（2）$\left|\int_a^b f(x)\mathrm{d}x\right|\leqslant\int_a^b |f(x)|\,\mathrm{d}x$

（3）换元积分法$\int_a^b f(x)\mathrm{d}x=\int_\alpha^\beta f[\varphi(t)]\varphi'(t)\mathrm{d}t$，其中$a=\varphi(\alpha)$，$b=\varphi(\beta)$

（4）分部积分法$\int_a^b u\mathrm{d}v=uv\Big|_a^b-\int_a^b v\mathrm{d}u$

（5）$\int_{-a}^a f(x)\mathrm{d}x=\begin{cases}0, & f(x)\text{为奇函数}\\ 2\int_0^a f(x)\mathrm{d}x, & f(x)\text{为偶函数}\end{cases}$

（6）$\int_0^\pi xf(\sin x)\mathrm{d}x=\frac{\pi}{2}\int_0^\pi f(\sin x)\mathrm{d}x$

（7）若$f(x)$是以T为周期的周期函数，则$\int_a^{a+T} f(x)\mathrm{d}x=\int_0^T f(x)\mathrm{d}x$

（8）$\int_0^{\frac{\pi}{2}}\sin^n x\mathrm{d}x=\int_0^{\frac{\pi}{2}}\cos^n x\mathrm{d}x=\begin{cases}\frac{n-1}{n}\cdot\frac{n-3}{n-2}\cdots\frac{4}{5}\cdot\frac{2}{3}, & n\text{为奇数}\\ \frac{n-1}{n}\cdot\frac{n-3}{n-2}\cdots\frac{3}{4}\cdot\frac{1}{2}\cdot\frac{\pi}{2}, & n\text{为偶数}\end{cases},\quad n\geqslant 2$

5.2.5 求平面图形的面积

【解题方法】

(1) 根据已知曲线方程画出平面图形.

(2) 解由曲线方程所组成的方程组，找到曲线的交点坐标.

(3) 选用平面图形的面积公式 $\int_a^b[f(x)-g(x)]\mathrm{d}x$ 或 $\int_c^d[\varphi(y)-\psi(y)]\mathrm{d}y$.

对 x 积分时用上曲线减下曲线，对 y 积分时用右曲线减左曲线，用公式计算曲线所围图形的面积.

【例 5-15】 求由曲线 $y=\frac{1}{x}$，$x=2$ 与 $y=3$ 所围平面图形的面积.

解：(1) 作出曲线的图形，如图 5-1 所示.

(2) 解方程组 $\begin{cases}y=\frac{1}{x},\\ y=3\end{cases}$ $\begin{cases}y=\frac{1}{x},\\ x=2\end{cases}$，得交点 $\left(\frac{1}{3},3\right)$，$\left(2,\frac{1}{2}\right)$.

(3) 由公式 $S=\int_a^b[f(x)-g(x)]\mathrm{d}x$，得

$$S=\int_{\frac{1}{3}}^{2}\left(3-\frac{1}{x}\right)\mathrm{d}x=(3x-\ln x)\Big|_{\frac{1}{3}}^{2}=5-\ln 6$$

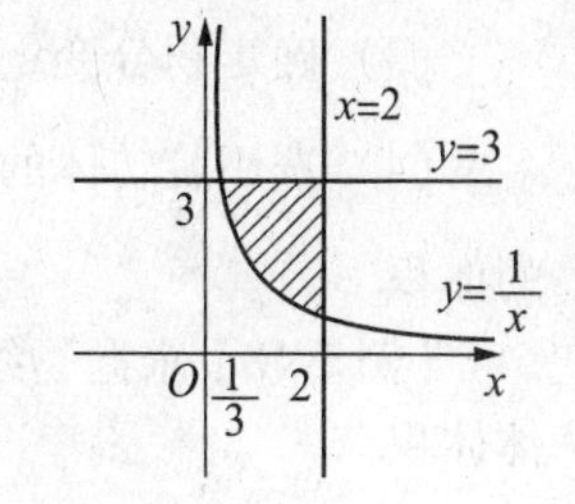

图 5-1

【例 5-16】 已知曲线 $x=ky^2$ $(k>0)$ 与直线 $y=-x$ 所围图形的面积为$\frac{9}{48}$，求 k 的值.

解：如图 5-2 所示，选择 y 为积分变量，得

$$S=\int_{-\frac{1}{k}}^{0}(-y-ky^2)\mathrm{d}y=-\left(\frac{1}{2}y^2+\frac{1}{3}ky^3\right)\Big|_{-\frac{1}{k}}^{0}$$

$$=\frac{1}{2k^2}-\frac{1}{3k^2}=\frac{1}{6k^2}$$

由 $\frac{1}{6k^2}=\frac{9}{48}$，得 $k=\frac{2\sqrt{2}}{3}$.

【例 5-17】 求抛物线 $y=x^2$ 与其在点(1,1)处的法线所围成图形的面积.

解：$y'=2x$，过点(1,1)处的法线方程为

$y-1=-\frac{1}{2}(x-1)$，即 $y=-\frac{1}{2}x+\frac{3}{2}$，则

$y=-\frac{1}{2}x+\frac{3}{2}$与 $y=x^2$ 所围的图形，如图 5-3 所示.

选 x 为积分变量，得

$$S=\int_{-\frac{3}{2}}^{1}\left(-\frac{1}{2}x+\frac{3}{2}-x^2\right)\mathrm{d}x=\left(-\frac{1}{4}x^2+\frac{3}{2}x-\frac{1}{3}x^3\right)\Big|_{-\frac{3}{2}}^{1}=\frac{125}{48}$$

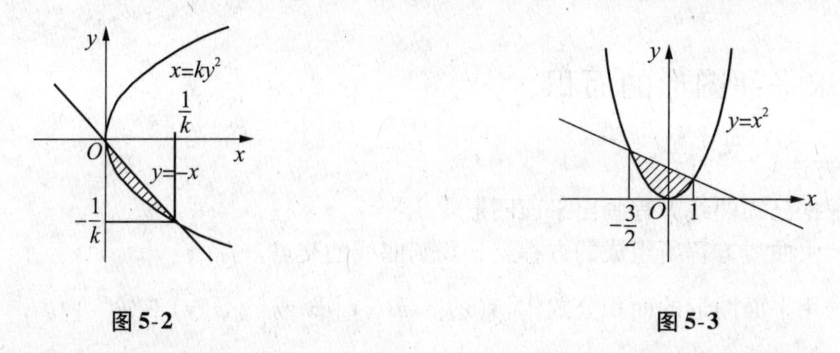

图 5-2　　　　图 5-3

5.2.6 求旋转体的体积

【解题方法】

（1）根据已知曲线方程画出平面图形.

（2）解由曲线方程所组成的方程组，找到曲线的交点坐标.

（3）确定积分变量，绕 Ox 轴旋转 x 为积分变量，绕 Oy 轴旋转 y 为积分变量.

（4）选用旋转体的体积公式 $V_x = \pi\int_a^b[f(x)]^2\mathrm{d}x$，$V_y = \pi\int_c^d[\varphi(y)]^2\mathrm{d}y$，求出旋转体的体积.

【例 5-18】 求抛物线 $y=x^2$ 与直线 $y=2x$ 所围图形分别绕 Ox 轴和 Oy 轴旋转而成的旋转体体积.

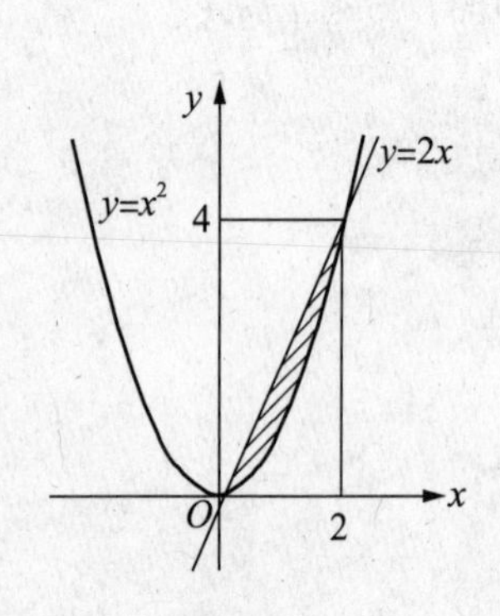

图 5-4

解： 平面图形如图 5-4 所示，绕 Ox 轴旋转所得旋转体体积为

$$V_x = \int_0^2\pi(2x)^2\mathrm{d}x - \int_0^2\pi x^4\mathrm{d}x$$

$$= \pi\int_0^2(4x^2 - x^4)\mathrm{d}x$$

$$= \pi\left(\frac{4}{3}x^3 - \frac{1}{5}x^5\right)\Big|_0^2 = \frac{64}{15}\pi$$

绕 Oy 轴旋转所得旋转体体积为

$$V_y = \int_0^4\pi y\mathrm{d}y - \int_0^4\pi\frac{y^2}{4}\mathrm{d}y$$

$$= \pi\int_0^4\left(y - \frac{y^2}{4}\right)\mathrm{d}y$$

$$= \pi\left(\frac{1}{2}y^2 - \frac{1}{12}y^3\right)\Big|_0^4 = \frac{8}{3}\pi$$

【例 5-19】 已知抛物线 $x=y^2$ 与 Ox 轴及直线 $x=k$（$k>0$）所围图形绕 Ox 轴旋转一周所得旋转体的体积为 2π，求 k 的值.

解： 平面图形如图 5-5 所示，绕 Ox 轴旋转所得旋转体的体积为

$$V_x = \pi\int_0^k x\mathrm{d}x = \pi\cdot\frac{1}{2}x^2\Big|_0^k = \frac{\pi}{2}k^2$$

由 $\frac{\pi}{2}k^2 = 2\pi$，得 $k=2$，$k>0$.

【例 5-20】 求抛物线 $y=x^2$ 在点 $(1,1)$ 处的切线与抛物线及 Ox 轴所围图形绕 Ox 轴旋转所得旋转体的体积.

解：平面图形如图 5-6 所示，曲线 $y=x^2$ 过点(1,1)处的切线方程为

$$y-1=2(x-1) \quad 即\ y=2x-1$$

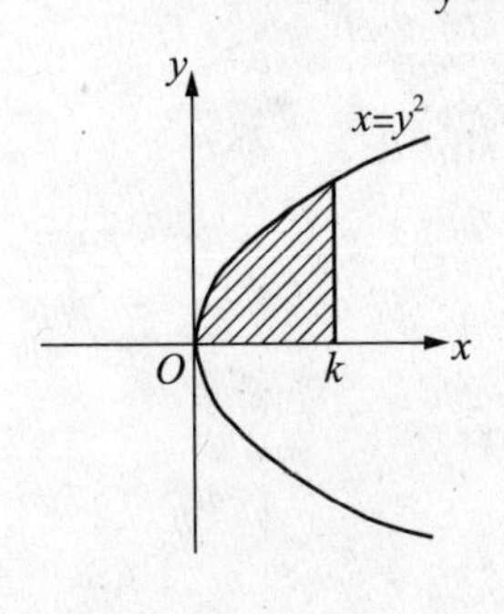

图 5-5

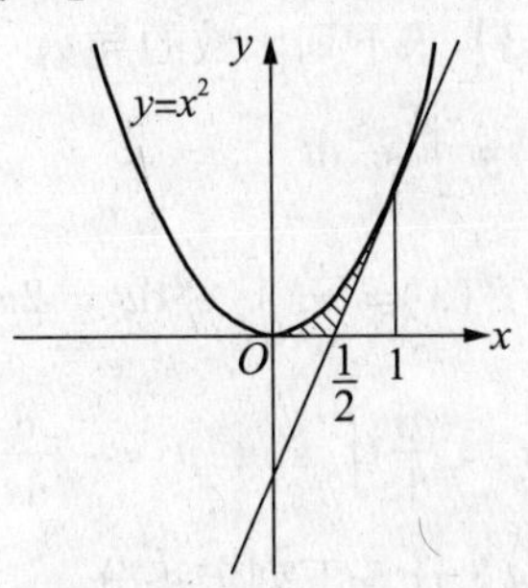

图 5-6

$y=2x-1$ 与 $y=0$ 的交点为 $x=\frac{1}{2}$，所围图形绕 Ox 轴旋转所得旋转体的体积为

$$\begin{aligned} V_x &= \pi\int_0^1 x^4\mathrm{d}x - \pi\int_{\frac{1}{2}}^1 (2x-1)^2\mathrm{d}x \\ &= \pi\int_0^1 x^4\mathrm{d}x - \frac{\pi}{2}\int_{\frac{1}{2}}^1 (2x-1)^2\mathrm{d}(2x-1) \\ &= \frac{\pi}{5}\cdot x^5\Big|_0^1 - \frac{\pi}{2}\cdot\frac{1}{3}(2x-1)^3\Big|_{\frac{1}{2}}^1 = \frac{\pi}{30} \end{aligned}$$

5.3　习题 5 解析

【例 5-21】估计积分值的范围 $\int_1^2 \frac{x}{1+x^2}\mathrm{d}x$.

解：设 $f(x)=\frac{x}{1+x^2}$，则

$$f'(x)=\left(\frac{x}{1+x^2}\right)'=\frac{1+x^2-2x^2}{(1+x^2)^2}=\frac{1-x^2}{(1+x^2)^2}$$

令 $f'(x)=0$，得 $x=1$，$x=-1$，

取 $x=1$，2 得 $f(1)=\frac{1}{2}$，$f(2)=\frac{2}{5}$

$$\frac{2}{5}\leqslant f(x)\leqslant\frac{1}{2}$$

因此　$\frac{2}{5}\leqslant\int_1^2\frac{x}{1+x^2}\mathrm{d}x\leqslant\frac{1}{2}$

【例 5-22】用定积分中值定理证明不等式 $0\leqslant\int_{\frac{\pi}{2}}^{\pi}\frac{\sin x}{x}\mathrm{d}x\leqslant 1$.

解：由 $0\leqslant\frac{\sin x}{x}\leqslant\frac{1}{x}\leqslant\frac{1}{\frac{\pi}{2}}=\frac{2}{\pi}$，得

$$0\leqslant\int_{\frac{\pi}{2}}^{\pi}\frac{\sin x}{x}\mathrm{d}x\leqslant\frac{2}{\pi}\cdot\frac{\pi}{2}=1$$

即 $0 \leqslant \int_{\frac{\pi}{2}}^{\pi} \frac{\sin x}{x} dx \leqslant 1$

【例 5-23】求下列函数的导数.

(1) $f(x)=\int_0^{x^2} e^{2t} dt$　　(2) $f(x)=\int_{\sqrt{x}}^{1} \sin t^2 dt$

解：(1) $f'(x)=\frac{d}{dx}\int_0^{x^2} e^{2t} dt = 2xe^{2x^2}$

(2) $f'(x)=\frac{d}{dx}\int_{\sqrt{x}}^{1} \sin t^2 dt = -\frac{d}{dx}\int_1^{\sqrt{x}} \sin t^2 dt = -\frac{1}{2\sqrt{x}}\sin x$

【例 5-24】计算下列定积分.

(1) $\int_1^{e} \frac{1+\ln x}{x} dx$　　(2) $\int_{\frac{1}{\pi}}^{\frac{2}{\pi}} \frac{1}{x^2}\cos\frac{1}{x} dx$

(3) $\int_{-2}^{-1} \frac{1}{x^2+4x+5} dx$　　(4) $\int_0^{2} \frac{1}{4+x^2} dx$

解：(1) $\int_1^{e} \frac{1+\ln x}{x} dx = \int_1^{e} (1+\ln x) d(1+\ln x) = \frac{1}{2}(1+\ln x)^2 \Big|_1^{e} = \frac{3}{2}$

(2) $\int_{\frac{1}{\pi}}^{\frac{2}{\pi}} \frac{1}{x^2}\cos\frac{1}{x} dx = -\int_{\frac{1}{\pi}}^{\frac{2}{\pi}} \cos\frac{1}{x} d\frac{1}{x} = \sin\frac{1}{x}\Big|_{\frac{2}{\pi}}^{\frac{1}{\pi}} = \sin\pi - \sin\frac{\pi}{2} = -1$

(3) $\int_{-2}^{-1} \frac{1}{x^2+4x+5} dx = \int_{-2}^{-1} \frac{1}{(x+2)^2+1} d(x+2) = \arctan(x+2)\Big|_{-2}^{-1} = \frac{\pi}{4}$

(4) $\int_0^{2} \frac{1}{4+x^2} dx = \frac{1}{2}\int_0^{2} \frac{1}{1+\left(\frac{x}{2}\right)^2} d\frac{x}{2} = \frac{1}{2}\arctan\frac{x}{2}\Big|_0^{2} = \frac{\pi}{8}$

【例 5-25】设$f(x)$是连续函数，且 $\int_0^{x^2-1} f(t) dt = -x$，求 $f(3)$ 的值.

解：$\int_0^{x^2-1} f(t) dt = -x$，两边求导，得

$$f(x^2-1)\cdot 2x = -1,\ f(x^2-1) = -\frac{1}{2x}$$

令 $x^2-1=3$，得 $x=-2$，则 $f(3)=\frac{1}{4}$，$-\frac{1}{4}$.

【例 5-26】设 $f(x)=\int_{-x}^{\sin x} \arctan(1+t^2) dt$，求 $f'(0)$的值.

解：$f'(x)=\arctan(1+\sin^2 x)\cdot\cos x + \arctan(1+x^2)$

$$f'(0)=\frac{\pi}{2}$$

【例 5-27】设连续函数$f(x)$满足 $\int_1^{2x} f\left(\frac{t}{2}\right) dt = e^{-x} - e^{-\frac{1}{2}}$，求定积分 $\int_0^1 f(x) dx$.

解：$\int_1^{2x} f\left(\frac{t}{2}\right) dt = e^{-x} - e^{-\frac{1}{2}}$ 两边求导，得

$$2f(x) = -e^{-x},\ f(x) = -\frac{e^{-x}}{2}$$

因此

$$\int_0^1 f(x)\,\mathrm{d}x = -\int_0^1 \frac{\mathrm{e}^{-x}}{2}\mathrm{d}x = \frac{\mathrm{e}^{-x}}{2}\Bigg|_0^1 = \frac{1}{2}(\mathrm{e}^{-1}-1) = \frac{1-\mathrm{e}}{2\mathrm{e}}$$

【例 5-28】 求下列函数的极限.

(1) $\lim\limits_{x\to+\infty}\dfrac{\int_0^x(\arctan t)^2\mathrm{d}t}{\sqrt{x^2+1}}$　　(2) $\lim\limits_{x\to 0}\dfrac{\left(\int_0^x \mathrm{e}^{t^2}\mathrm{d}t\right)^2}{\int_0^x t\mathrm{e}^{2t^2}\mathrm{d}t}$

解: (1) $$\lim_{x\to+\infty}\frac{\int_0^x(\arctan t)^2\mathrm{d}t}{\sqrt{x^2+1}} = \lim_{x\to+\infty}\frac{(\arctan x)^2}{\dfrac{x}{\sqrt{x^2+1}}}$$

$$= \lim_{x\to+\infty}(\arctan x)^2\cdot\frac{\sqrt{x^2+1}}{x} = \frac{\pi^2}{4}$$

(2) $$\lim_{x\to 0}\frac{\left(\int_0^x \mathrm{e}^{t^2}\mathrm{d}t\right)^2}{\int_0^x t\mathrm{e}^{2t^2}\mathrm{d}t} = \lim_{x\to 0}\frac{2\int_0^x \mathrm{e}^{t^2}\mathrm{d}t\cdot \mathrm{e}^{x^2}}{x\mathrm{e}^{2x^2}} = \lim_{x\to 0}\frac{2\int_0^x \mathrm{e}^{t^2}\mathrm{d}t}{x\mathrm{e}^{x^2}}$$

$$= \lim_{x\to 0}\frac{2\mathrm{e}^{x^2}}{\mathrm{e}^{x^2}+2x^2\mathrm{e}^{x^2}} = 2$$

【例 5-29】 当 x 为何值时，函数 $I(x) = \int_0^x t\mathrm{e}^{-t^2}\mathrm{d}t$ 有极值.

解: 对函数 $I(x)$ 求导，得

$$I'(x) = x\mathrm{e}^{-x^2}$$

令 $I'(x)=0$，得 $x=0$；

$x<0$，$I'(x)<0$；$x>0$，$I'(x)>0$，因此，当 $x=0$ 时，函数有极小值 $I(0)=0$.

【例 5-30】 求由参数表示式 $x=\int_0^t \sin u\mathrm{d}u$，$y=\int_0^t \cos u\mathrm{d}u$ 所给定的函数 y 对 x 的导数 $\dfrac{\mathrm{d}y}{\mathrm{d}x}$.

解:

$$\frac{\mathrm{d}y}{\mathrm{d}x} = \frac{y'_t}{x'_t} = \frac{\left(\int_0^t \cos u\mathrm{d}u\right)'}{\left(\int_0^t \sin u\mathrm{d}u\right)'} = \frac{\cos t}{\sin t} = \cot t$$

【例 5-31】 求由 $\int_0^y \mathrm{e}^t\mathrm{d}t + \int_0^x \cos t\mathrm{d}t = 0$ 所确定的隐函数 y 对 x 的导数 $\dfrac{\mathrm{d}y}{\mathrm{d}x}$.

解: $\int_0^y \mathrm{e}^t\mathrm{d}t + \int_0^x \cos t\mathrm{d}t = 0$ 两边求导，得

$$\mathrm{e}^y\cdot y' + \cos x = 0,\quad y' = -\frac{\cos x}{\mathrm{e}^y}$$

$\int_0^y \mathrm{e}^t\mathrm{d}t + \int_0^x \cos t\mathrm{d}t = 0$ 积分，得

$$\mathrm{e}^y - 1 + \sin x = 0,\quad \mathrm{e}^y = 1-\sin x$$

因此，$y' = \dfrac{\cos x}{\sin x - 1}$.

【例 5-32】求函数$f(x)=\int_0^x t(t-4)\,dt$ 在区间$[-1,5]$上的最大值和最小值.

解：对函数$f(x)$求导，得

$$f'(x)=x(x-4)$$

令$f'(x)=0$，得$x=0$，4

$$f(0)=0,\ f(4)=\int_0^4(t^2-4t)\,dt=\left(\frac{t^3}{3}-2t^2\right)\Big|_0^4=-\frac{32}{3}$$

$$f(-1)=\int_0^{-1}(t^2-4t)\,dt=\left(\frac{t^3}{3}-2t^2\right)\Big|_0^{-1}=-\frac{7}{3}$$

$$f(5)=\int_0^5(t^2-4t)\,dt=\left(\frac{t^3}{3}-2t^2\right)\Big|_0^5=-\frac{25}{3}$$

因此，函数的最大值$f(0)=0$，最小值$f(4)==-\frac{32}{3}$.

【例 5-33】计算下列定积分.

(1) $\int_1^5\frac{\sqrt{x-1}}{x}dx$　　(2) $\int_0^2\sqrt{4-x^2}dx$

(3) $\int_{\sqrt{2}}^2\frac{1}{\sqrt{x^2-1}}dx$　　(4) $\int_1^{\sqrt{3}}\frac{1}{x^2\sqrt{1+x^2}}dx$

解：(1) 令$\sqrt{x-1}=t$，$x-1=t^2$，$x=1+t^2$，$dx=2tdt$，x：1～5，t：0～2，则

$$\int_1^5\frac{\sqrt{x-1}}{x}dx=\int_0^2\frac{t}{1+t^2}\cdot 2tdt=2\int_0^2\frac{t^2+1-1}{1+t^2}dt$$

$$=2\int_0^2\left(1-\frac{1}{1+t^2}\right)dt=2(t-\arctan t)\Big|_0^2$$

$$=4-2\arctan 2$$

(2) 令$x=2\sin t$，$dx=2\cos tdt$，x：0～2，t：0～$\frac{\pi}{2}$，则

$$\int_0^2\sqrt{4-x^2}dx=\int_0^{\frac{\pi}{2}}2\cos t\cdot 2\cos tdt=4\int_0^{\frac{\pi}{2}}\frac{1+\cos 2t}{2}dt$$

$$=2\left(t+\frac{1}{2}\sin 2t\right)\Big|_0^{\frac{\pi}{2}}=\pi$$

(3) 令$x=\sec t$，$dx=\sec t\cdot\tan tdt$，x：$\sqrt{2}$～2，t：$\frac{\pi}{4}$～$\frac{\pi}{3}$，则

$$\int_{\sqrt{2}}^2\frac{1}{\sqrt{x^2-1}}dx=\int_{\frac{\pi}{4}}^{\frac{\pi}{3}}\frac{1}{\tan t}\cdot\sec t\cdot\tan tdt=\int_{\frac{\pi}{4}}^{\frac{\pi}{3}}\sec tdt$$

$$=\ln(\sec t+\tan t)\Big|_{\frac{\pi}{4}}^{\frac{\pi}{3}}=\ln(2+\sqrt{3})-\ln(1+\sqrt{2})$$

(4) 令$x=\tan t$，$dx=\sec^2tdt$，x：1～$\sqrt{3}$，t：$\frac{\pi}{4}$～$\frac{\pi}{3}$，则

$$\int_1^{\sqrt{3}}\frac{1}{x^2\sqrt{1+x^2}}dx=\int_{\frac{\pi}{4}}^{\frac{\pi}{3}}\frac{1}{\tan^2t\cdot\sec t}\cdot\sec^2tdt=\int_{\frac{\pi}{4}}^{\frac{\pi}{3}}\frac{\cos t}{\sin^2t}dt$$

$$= \int_{\frac{\pi}{4}}^{\frac{\pi}{3}} \frac{1}{\sin^2 t} \mathrm{d}\sin t = \frac{1}{\sin t}\Big|_{\frac{\pi}{3}}^{\frac{\pi}{4}} = \sqrt{2} - \frac{2\sqrt{3}}{3}$$

【例 5-34】 计算下列定积分.

(1) $\int_1^e x\ln x \mathrm{d}x$　　(2) $\int_0^{\frac{\pi}{2}} e^{2x}\cos x \mathrm{d}x$

(3) $\int_0^{\frac{\pi}{4}} \frac{x}{\cos^2 x}\mathrm{d}x$　　(4) $\int_1^2 e^{\sqrt{x-1}}\mathrm{d}x$

解： (1) $\int_1^e x\ln x \mathrm{d}x = \int_1^e \ln x \mathrm{d}\frac{x^2}{2} = \left(\frac{x^2}{2}\ln x\right)\Big|_1^e - \int_1^e \frac{x}{2}\mathrm{d}x$

$$= \frac{e^2}{2} - \frac{1}{4}(e^2 - 1) = \frac{e^2 + 1}{4}$$

(2) $\int_0^{\frac{\pi}{2}} e^{2x}\cos x \mathrm{d}x = \int_0^{\frac{\pi}{2}} e^{2x}\mathrm{d}\sin x$

$$= (e^{2x}\sin x)\Big|_0^{\frac{\pi}{2}} - 2\int_0^{\frac{\pi}{2}} e^{2x}\sin x \mathrm{d}x$$

$$= e^{\pi} + 2(e^{2x}\cos x)\Big|_0^{\frac{\pi}{2}} - 4\int_0^{\frac{\pi}{2}} e^{2x}\cos x \mathrm{d}x$$

$$= e^{\pi} - 2 - 4\int_0^{\frac{\pi}{2}} e^{2x}\cos x \mathrm{d}x$$

$$\int_0^{\frac{\pi}{2}} e^{2x}\cos x \mathrm{d}x = \frac{1}{5}(e^{\pi} - 2)$$

(3) $\int_0^{\frac{\pi}{4}} \frac{x}{\cos^2 x}\mathrm{d}x = \int_0^{\frac{\pi}{4}} x\mathrm{d}\tan x = x\tan x\Big|_0^{\frac{\pi}{4}} - \int_0^{\frac{\pi}{4}} \tan x \mathrm{d}x$

$$= \frac{\pi}{4} + \ln\cos x\Big|_0^{\frac{\pi}{4}} = \frac{\pi}{4} + \ln\frac{\sqrt{2}}{2}$$

(4) 令 $\sqrt{x-1} = t$，$x = t^2 + 1$，$\mathrm{d}x = 2t\mathrm{d}t$，$x$：$1 \sim 2$，$t$：$0 \sim 1$，则

$$\int_1^2 e^{\sqrt{x-1}}\mathrm{d}x = \int_0^1 e^t \cdot 2t\mathrm{d}t = 2\int_0^1 t\mathrm{d}e^t$$

$$= 2te^t\Big|_0^1 - 2\int_0^1 e^t\mathrm{d}t = 2e - 2(e - 1) = 2$$

【例 5-35】 设函数 $f(x) = \begin{cases} 1 + x, & 0 \leqslant x \leqslant 2 \\ x^2 - 1, & 2 < x < 4 \end{cases}$，求 $\int_3^5 f(x - 2)\mathrm{d}x$.

解： 令 $x - 2 = t$，$x = t + 2$，$\mathrm{d}x = \mathrm{d}t$，$x$：$3 \sim 5$，$t$：$1 \sim 3$，则

$$\int_3^5 f(x-2)\mathrm{d}x = \int_1^3 f(t)\mathrm{d}t = \int_1^2 f(t)\mathrm{d}t + \int_2^3 f(t)\mathrm{d}t$$

$$= \int_1^2 (1 + x)\mathrm{d}x + \int_2^3 (x^2 - 1)\mathrm{d}x = \left(x + \frac{x^2}{2}\right)\Big|_1^2 + \left(\frac{x^3}{3} - x\right)\Big|_2^3 = \frac{47}{6}$$

【例 5-36】 证明：$\int_0^1 x^m(1 - x)^n\mathrm{d}x = \int_0^1 x^n(1 - x)^m\mathrm{d}x$，式中 m，n 为整数.

证明： 令 $1 - x = t$，$x = 1 - t$，$\mathrm{d}x = -\mathrm{d}t$，$x$：$0 \sim 1$，$t$：$1 \sim 0$，则

$$\int_0^1 x^m(1 - x)^n\mathrm{d}x = \int_1^0 (1 - t)^m t^n(-\mathrm{d}t) = \int_0^1 x^n(1 - x)^m\mathrm{d}x$$

【例 5-37】设函数$f(x)$在区间$[a,b]$上连续，证明：$\int_a^b f(a+b-x)\mathrm{d}x = \int_a^b f(x)\mathrm{d}x$.

证明：令$a+b-x=t$，$\mathrm{d}x=-\mathrm{d}t$，x：$a\sim b$，t：$b\sim a$，则

$$\int_a^b f(a+b-x)\mathrm{d}x = \int_b^a f(t)(-\mathrm{d}t) = \int_a^b f(x)\mathrm{d}x$$

【例 5-38】设$f(x)$是连续函数，证明：$\int_0^a x^3 f(x^2)\mathrm{d}x = \frac{1}{2}\int_0^{a^2} xf(x)\mathrm{d}x$.

证明：令$x^2=t$，$2x\mathrm{d}x=\mathrm{d}t$，$x\mathrm{d}x=\frac{1}{2}\mathrm{d}t$，$x$：$0\sim a$，$t$：$0\sim a^2$，则

$$\int_0^a x^3 f(x^2)\mathrm{d}x = \int_0^a x^2 f(x^2)\frac{1}{2}\mathrm{d}x^2 = \int_0^{a^2} tf(t)\cdot\frac{1}{2}\mathrm{d}t = \frac{1}{2}\int_0^{a^2} xf(x)\mathrm{d}x$$

【例 5-39】设$f(x)$是连续函数，证明：$\int_0^\pi xf(\sin x)\mathrm{d}x = \frac{\pi}{2}\int_0^\pi f(\sin x)\mathrm{d}x$.

证明：令$x=\pi-t$，$\mathrm{d}x=-\mathrm{d}t$，x：$0\sim\pi$，t：$\pi\sim 0$，则

$$\begin{aligned}\int_0^\pi xf(\sin x)\mathrm{d}x &= \int_\pi^0 (\pi-t)f[\sin(\pi-t)](-\mathrm{d}t)\\ &= \int_0^\pi (\pi-t)f(\sin t)\mathrm{d}t\\ &= \pi\int_0^\pi f(\sin t)\mathrm{d}t - \int_0^\pi tf(\sin t)\mathrm{d}t\\ &= \pi\int_0^\pi f(\sin x)\mathrm{d}x - \int_0^\pi xf(\sin x)\mathrm{d}x\end{aligned}$$

$$\int_0^\pi xf(\sin x)\mathrm{d}x = \frac{\pi}{2}\int_0^\pi f(\sin x)\mathrm{d}x$$

【例 5-40】利用奇偶性计算定积分$\int_{-1}^1 (1-x)\sqrt{1-x^2}\mathrm{d}x$.

解：$$\begin{aligned}\int_{-1}^1 (1-x)\sqrt{1-x^2}\mathrm{d}x &= \int_{-1}^1 \sqrt{1-x^2}\mathrm{d}x - \int_{-1}^1 x\sqrt{1-x^2}\mathrm{d}x\\ &= \int_{-1}^1 \sqrt{1-x^2}\mathrm{d}x = 2\int_0^1 \sqrt{1-x^2}\mathrm{d}x = \frac{\pi}{2}\end{aligned}$$

【例 5-41】设$f(x) = \frac{1}{1+x^2} + \sqrt{1-x^2}\int_0^1 f(x)\mathrm{d}x$，求$f(x)$及$\int_0^1 f(x)\mathrm{d}x$.

解：$f(x) = \frac{1}{1+x^2} + \sqrt{1-x^2}\int_0^1 f(x)\mathrm{d}x$两边取从$0\sim 1$的定积分，得

$$\begin{aligned}\int_0^1 f(x)\mathrm{d}x &= \int_0^1 \frac{1}{1+x^2}\mathrm{d}x + \int_0^1 f(x)\mathrm{d}x\int_0^1 \sqrt{1-x^2}\mathrm{d}x\\ &= \arctan x\Big|_0^1 + \frac{\pi}{4}\int_0^1 f(x)\mathrm{d}x = \frac{\pi}{4} + \frac{\pi}{4}\int_0^1 f(x)\mathrm{d}x\end{aligned}$$

$$\int_0^1 f(x)\mathrm{d}x = \frac{\pi}{4-\pi}$$

$$f(x) = \frac{1}{1+x^2} + \frac{\pi}{4-\pi}\sqrt{1-x^2}$$

【例 5-42】求由下列各组曲线所围成图形的面积.

(1) $y=\ln x$，$y=1$，$y=0$，$x=0$；

（2）$y=2x-x^2$，$x+y=0$.

解：（1）图形如图 5-7（a）所示.

（2）图形如图 5-7（b）所示.

$$S=\int_0^1 e^y dy = e^y \Big|_0^1 = e-1$$

由$\begin{cases} y=2x-x^2 \\ x+y=0 \end{cases}$，得 $x=0$，3

$$S=\int_0^3 (2x-x^2+x)dx = 3\cdot\frac{1}{2}x^2\Big|_0^3-\frac{x^3}{3}\Big|_0^3=\frac{9}{2}$$

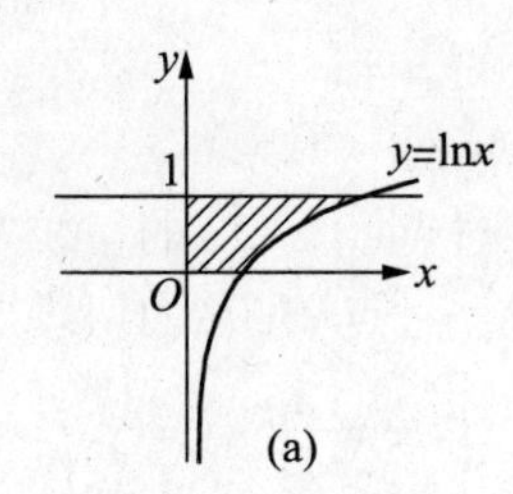

(a)

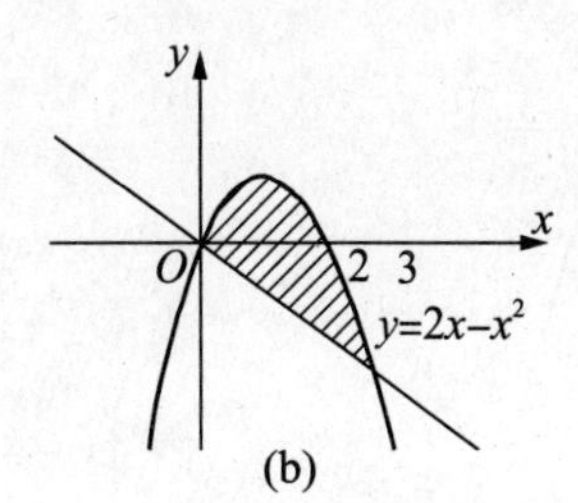

(b)

图 5-7

【例 5-43】求下列旋转体的体积.

（1）$y^2=x$，$x^2=y$ 绕 Ox 轴旋转.

（2）$x^2+\frac{y^2}{4}=1$ 分别绕 Ox 轴和 Oy 轴旋转.

解：（1）由$\begin{cases} y^2=x \\ x^2=y \end{cases}$，得交点$(0,0)$，$(1,1)$

$$V_x=\pi\int_0^1 (x-x^4)dx=\pi\left(\frac{x^2}{2}-\frac{x^5}{5}\right)\Big|_0^1=\frac{3\pi}{10}$$

（2）$V_x=2\pi\int_0^1 4(1-x^2)dx=8\pi\left(x-\frac{x^3}{3}\right)\Big|_0^1=\frac{16\pi}{3}$

$$V_y=2\pi\int_0^2\left(1-\frac{y^2}{4}\right)dy=2\pi\left(y-\frac{y^3}{12}\right)\Big|_0^2=\frac{8\pi}{3}$$

【例 5-44】平面图形由 $y=2x-x^2$ 和 $y=0$ 围成，试求该图形分别绕 Ox 轴和 Oy 轴旋转所得旋转体的体积.

解：$\begin{cases} y=2x-x^2 \\ y=0 \end{cases}$，得交点$(0,0)$，$(2,0)$，（如图 5-8 所示）

（1）绕 Ox 轴

$$V_x=2\pi\int_0^1 (2x-x^2)^2 dx=2\pi\int_0^1 (4x^2-4x^3+x^4)dx$$

$$=2\pi\left(4\cdot\frac{x^3}{3}-4\cdot\frac{x^4}{4}+\frac{x^5}{5}\right)\Big|_0^1=\frac{16\pi}{15}$$

（2）绕 Oy 轴

由　$y=2x-x^2$，$x^2-2x+1=-y+1$，$(x-1)^2=1-y$

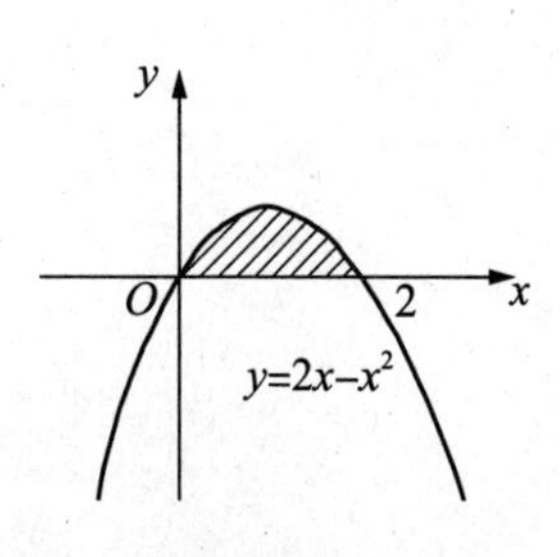

图 5-8

得 $x=1+\sqrt{1-y}$，$x=1-\sqrt{1-y}$

$$V_y=\pi\int_0^1(1+\sqrt{1-y})^2\mathrm{d}y-\pi\int_0^1(1-\sqrt{1-y})^2\mathrm{d}y$$

$$=\pi\int_0^1(1+2\sqrt{1-y}+1-y-1+2\sqrt{1-y}-1+y)\mathrm{d}y$$

$$=-4\pi\int_0^1\sqrt{1-y}\mathrm{d}(1-y)=4\pi\cdot\frac{2}{3}\cdot(1-y)^{\frac{3}{2}}\Big|_1^0=\frac{8\pi}{3}$$

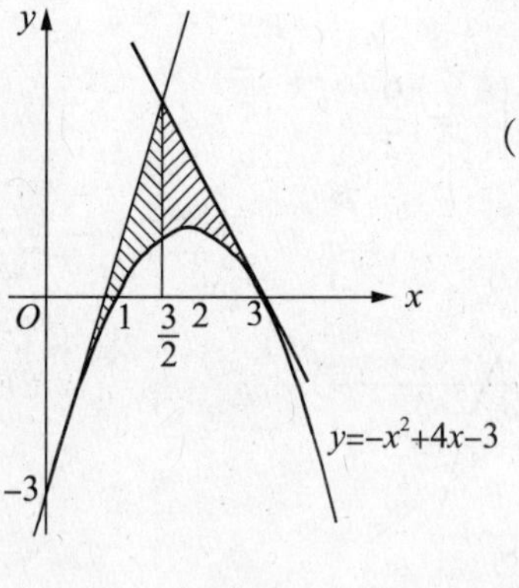

【例 5-45】 求抛物线 $y=-x^2+4x-3$ 及其在点$(0,-3)$和$(3,0)$处的切线所围平面图形的面积.

解： $y=-x^2+4x-3=-(x-2)^2+1$

由 $-x^2+4x-3=0$，得 $x=1$，3

$$y'=-2x+4$$

当 $x=0$ 时，$y'=4$，过点$(0,-3)$的切线方程 $y=4x-3$.

当 $x=3$ 时，$y'=-2$，过点$(3,0)$的切线方程 $y=-2x+6$.

由 $4x-3=-2x+6$，得 $x=\frac{3}{2}$，$y=3$.

图 5-9

两切线的交点$\left(\frac{3}{2},3\right)$，如图 5-9 所示，所围平面图形的面积

$$S=\int_0^{\frac{3}{2}}[(4x-3)-(-x^2+4x-3)]\mathrm{d}x+\int_{\frac{3}{2}}^3[(-2x+6)-(-x^2+4x-3)]\mathrm{d}x$$

$$=\int_0^{\frac{3}{2}}x^2\mathrm{d}x+\int_{\frac{3}{2}}^3(x^2-6x+9)\mathrm{d}x=\frac{1}{3}x^3\Big|_0^{\frac{3}{2}}+\left(\frac{1}{3}x^3-3x^2+9x\right)\Big|_{\frac{3}{2}}^3$$

$$=\frac{1}{3}\left(\frac{3}{2}\right)^3+\frac{1}{3}\left(3^3-\frac{3^3}{2^3}\right)-3\left(3^2-\frac{3^2}{2^2}\right)+9\left(3-\frac{3}{2}\right)$$

$$=\frac{9}{4}$$

【例 5-46】 已知曲线 $f(x)=x-x^2$ 与 $g(x)=ax$ $(a>0)$ 所围成的平面图形的面积等于 $\frac{9}{2}$，求 a.

解： 令 $x-x^2=ax$，$x(1-a)-x^2=0$，得 $x=0$，$1-a$. 所围平面图形的面积

$$S=\int_0^{1-a}(x-x^2-ax)\mathrm{d}x=\left(\frac{x^2}{2}-\frac{x^3}{3}-\frac{a}{2}x^2\right)\Big|_0^{1-a}$$

$$=\frac{1}{2}(1-a)^2-\frac{1}{3}(1-a)^3-\frac{a}{2}(1-a)^2$$

$$=\frac{1}{2}(1-a)^2(1-a)-\frac{1}{3}(1-a)^3$$

$$=\frac{1}{6}(1-a)^3$$

由 $\frac{1}{6}(1-a)^3=\frac{9}{2}$，得 $(1-a)^3=27$，$a=-2$（舍去）.

由 $\frac{1}{6}(1-a)^3=-\frac{9}{2}$，得 $(1-a)^3=-27$，$a=4$.

【例 5-47】在抛物线 $y^2=2(x-1)$ 上横坐标 $x=3$ 处作一切线，求由所作切线及 Ox 轴与抛物线所围平面图形绕 Ox 轴旋转所成旋转体的体积.

解： $y^2=2(x-1)$ 两边求导，得 $2yy'=2$，$y'=\frac{1}{y}$

当 $x=3$，得 $y=2$，$y'=\frac{1}{2}$

切线方程为 $y-2=\frac{1}{2}(x-3)$

令 $y=0$，得 $x=-1$，（如图 5-10 所示）

$$V_x=\pi\cdot 2^2\cdot 4\cdot\frac{1}{3}-\int_1^3\pi\cdot 2(x-1)\,dx$$

$$=\frac{16\pi}{3}-2\pi\left(\frac{x^2}{2}-x\right)\Big|_1^3=\frac{4\pi}{3}$$

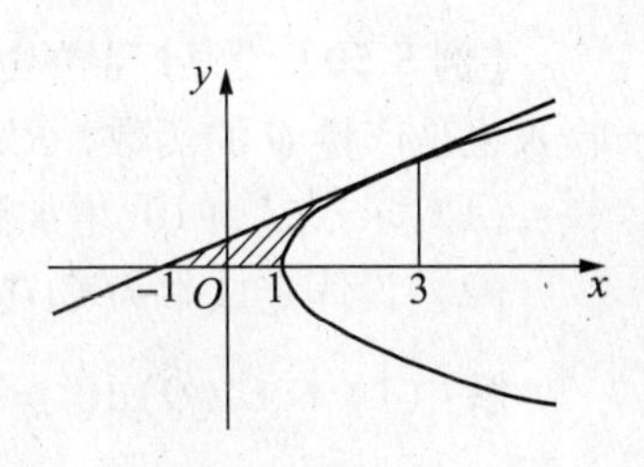

图 5-10

【例 5-48】曲线 $x=\sqrt{1-y}$ 及直线 $x=0$，$x=2$，$y=0$

（1）求曲线所围成的平面图形的面积.

（2）求曲线所围成的平面图形分别绕 x 轴和 y 轴旋转所成的旋转体的体积.

解：（1）$x^2=1-y$，$y=1-x^2$，令 $y=0$，得 $x=1$ 图形如图 5-11 所示.

$$S=\int_0^1(1-x^2)\,dx+\int_1^2(x^2-1)\,dx$$

$$=\left(x-\frac{x^3}{3}\right)\Big|_0^1+\left(\frac{x^3}{3}-x\right)\Big|_1^2=2$$

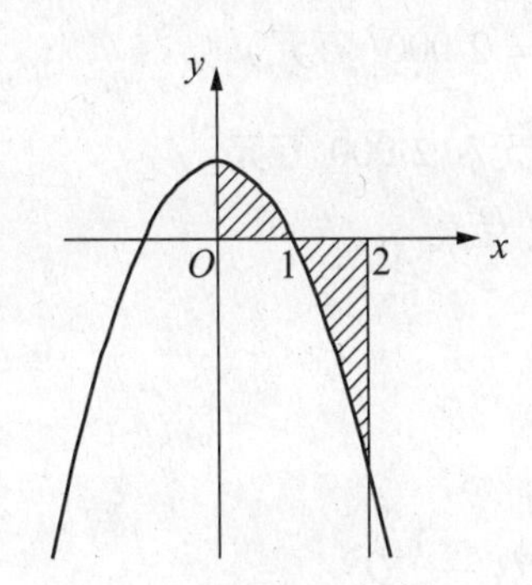

图 5-11

(2) $$V_x=\int_0^2\pi(1-x^2)^2\,dx=\int_0^2\pi(1-2x^2+x^4)\,dx$$

$$=\pi\left(x-\frac{2}{3}x^3+\frac{x^5}{5}\right)\Big|_0^2=\frac{46\pi}{15}$$

$$V_y=\pi\cdot 2^2\cdot 3-\int_{-3}^0\pi(1-y)\,dy+\int_0^1\pi(1-y)\,dy$$

$$=12\pi-\pi\left(y-\frac{y^2}{2}\right)\Big|_{-3}^0+\pi\left(y-\frac{y^2}{2}\right)\Big|_0^1$$

$$=12\pi-\pi\left(3+\frac{9}{2}\right)+\pi\left(1-\frac{1}{2}\right)$$

$$=5\pi$$

【例 5-49】设某产品总产量变化率为 $f(t)=100+10t-0.45t^2$，求：

（1）总产量函数 $Q(t)$.

（2）从 $t=4$ 到 $t=8$ 这段时间内的产量.

解：(1) $$Q(t)=\int f(t)\,dt=\int(100+10t-0.45t^2)\,dt$$

$$=100t+5t^2-0.15t^3+C$$

$$(2)Q = \int_4^8 (100 + 10t - 0.45t^2)\mathrm{d}t$$

$$= (100t + 5t^2 - 0.15t^3)\Big|_4^8$$

$$= 100 \cdot 4 + 5 \cdot 48 - 0.15 \cdot 448 = 572.8$$

【例 5-50】 设某产品的边际成本是产量 Q 的函数，$C'(Q)=4+0.25Q$（万元/t）边际收入也是产量 Q 的函数，$R'(Q)=80-Q$（万元/t）.

（1）求产量由 10t 增加到 50t 时，总成本与总收入各增加多少？

（2）设固定成本为 $C(0)=10$ 万元，求总成本函数和总收入函数.

解：(1) $\int_{10}^{50} C'(Q)\mathrm{d}Q = \int_{10}^{50}(4+0.25Q)\mathrm{d}Q$

$$= \left(4Q + 0.25 \cdot \frac{1}{2} \cdot Q^2\right)\Big|_{10}^{50} = 160 + 300 = 460(\text{万元})$$

$$\int_{10}^{50} R'(Q)\mathrm{d}Q = \int_{10}^{50}(80 - Q)\mathrm{d}Q$$

$$= \left(80Q - \frac{1}{2}Q^2\right)\Big|_{10}^{50} = 3\,200 - 1\,200 = 2\,000(\text{万元})$$

产量由 10t 增加到 50t 时，总成本与总收入各增加了 460 万元和 2 000 万元.

(2) $C(Q) = \int C'(Q)\mathrm{d}Q = \int(4+0.25Q)\mathrm{d}Q = 4Q + 0.25 \cdot \frac{Q^2}{2} + C$

由 $C(0)=10$，得 $C=10$

$$C(Q) = \int C'(Q)\mathrm{d}Q = 10 + 4Q + \frac{1}{8}Q^2$$

$$R(Q) = \int R'(Q)\mathrm{d}Q = \int(80 - Q)\mathrm{d}Q = 10 + 80Q - \frac{1}{2}Q^2$$

总成本函数为 $10+4Q+\frac{1}{8}Q^2$，总收入函数为 $10+80Q-\frac{1}{2}Q^2$.

5.4　复习题 5 解析

【例 5-51】 已知 $x\mathrm{e}^x$ 为 $f(x)$ 的一个原函数，求 $\int_0^1 xf'(x)\mathrm{d}x$.

解：设 $f(x)=(x\mathrm{e}^x)'=\mathrm{e}^x+x\mathrm{e}^x$，则

$$\int_0^1 xf'(x)\mathrm{d}x = \int_0^1 x\mathrm{d}f(x) = xf(x)\Big|_0^1 - \int_0^1 f(x)\mathrm{d}x$$

$$= xf(x)\Big|_0^1 - x\mathrm{e}^x\Big|_0^1 = f(1) - \mathrm{e} = 2\mathrm{e} - \mathrm{e} = \mathrm{e}$$

【例 5-52】 设 $f(x)=\ln x - \int_1^{\mathrm{e}} f(x)\mathrm{d}x$，证明：$\int_1^{\mathrm{e}} f(x)\mathrm{d}x = \frac{1}{\mathrm{e}}$.

证明：$f(x) = \ln x - \int_1^{\mathrm{e}} f(x)\mathrm{d}x$ 两边积分，得

$$\int_1^{\mathrm{e}} f(x)\mathrm{d}x = \int_1^{\mathrm{e}} \ln x\mathrm{d}x - \int_1^{\mathrm{e}} f(x)\mathrm{d}x \cdot (\mathrm{e} - 1)$$

$$e\int_1^e f(x)\,dx = \int_1^e \ln x dx = x\ln x\Big|_1^e - \int_1^e dx = e - e + 1 = 1$$

$$\int_1^e f(x)\,dx = \frac{1}{e}$$

【例 5-53】 设 $f(x)$ 连续且 $f(x)>0(x>0)$，证明：$\varphi(x) = \dfrac{\int_0^x tf(t)\,dt}{\int_0^x f(t)\,dt}$ 单调增加.

证明： $$\varphi'(x) = \frac{xf(x)\int_0^x f(t)\,dt - f(x)\int_0^x tf(t)\,dt}{\left(\int_0^x f(t)\,dt\right)^2}$$

$$= \frac{f(x)\left(x\int_0^x f(t)\,dt - \int_0^x tf(t)\,dt\right)}{\left(\int_0^x f(t)\,dt\right)^2}$$

令 $\psi(x) = x\int_0^x f(t)\,dt - \int_0^x tf(t)\,dt$，则

$$\psi'(x) = \int_0^x f(t)\,dt + xf(x) - xf(x) = \int_0^x f(t)\,dt > 0,\ \psi(x)\uparrow$$

当 $x>0$ 时，$\psi(x)>0$

$$f(x)\left[x\int_0^x f(t)\,dt - \int_0^x tf(t)\,dt\right] > 0$$

因此 $\varphi'(x)>0$，$\varphi(x)\uparrow$.

【例 5-54】 证明不等式 $0 < \int_0^1 \frac{x^7}{\sqrt[3]{1+x^6}}dx < \frac{1}{8}$.

证明： $$\int_0^1 \frac{8x^7}{\sqrt[3]{1+x^6}}dx = \int_0^1 \frac{1}{\sqrt[3]{1+x^6}}dx^8 < \int_0^1 \frac{1}{\sqrt[3]{1+x^8}}d\,(1+x^8)$$

$$= \frac{3}{2}(1+x^8)^{\frac{2}{3}}\Big|_0^1 = \frac{3}{2}(2^{\frac{2}{3}}-1) < 1$$

得　$$0 < \int_0^1 \frac{8x^7}{\sqrt[3]{1+x^6}}dx < 1$$

即　$$0 < \int_0^1 \frac{x^7}{\sqrt[3]{1+x^6}}dx < \frac{1}{8}$$

【例 5-55】 设 $f(x)$ 是以 l 为周期的连续函数，证明：$\int_a^{a+l} f(x)\,dx$ 的值与 a 无关.

证明： $$\int_a^{a+l} f(x)\,dx = \int_a^0 f(x)\,dx + \int_0^l f(x)\,dx + \int_l^{a+l} f(x)\,dx$$

由 $\int_l^{a+l} f(x)\,dx$，令 $x=t+l$，x：$l\sim a+l$，t：$0\sim a$，得

$$\int_l^{a+l} f(x)\,dx = \int_0^a f(t+l)\,d(t+l) = \int_0^a f(x)\,dx$$

$$\begin{aligned}\int_a^{a+l} f(x)\,\mathrm{d}x &= \int_a^0 f(x)\,\mathrm{d}x + \int_0^l f(x)\,\mathrm{d}x + \int_l^{a+l} f(x)\,\mathrm{d}x \\ &= \int_a^0 f(x)\,\mathrm{d}x + \int_0^l f(x)\,\mathrm{d}x + \int_0^a f(x)\,\mathrm{d}x \\ &= -\int_0^a f(x)\,\mathrm{d}x + \int_0^l f(x)\,\mathrm{d}x + \int_0^a f(x)\,\mathrm{d}x \\ &= \int_0^l f(x)\,\mathrm{d}x\end{aligned}$$

因此 $\int_a^{a+l} f(x)\,\mathrm{d}x$ 的值与 a 无关.

【例 5-56】 设 $f(u)$ 是 u 的连续函数，$F(x) = \int_0^{x^2} tf(x-t)\,\mathrm{d}t$，求 $F'(x)$.

解： 令 $x-t=u$，$t=x-u$，$\mathrm{d}t=-\mathrm{d}u$，t：$0\sim x^2$，u：$x\sim x-x^2$，则

$$\begin{aligned}F(x) &= \int_0^{x^2} tf(x-t)\,\mathrm{d}t = \int_x^{x-x^2} (x-u)f(u)(-\mathrm{d}u) \\ &= \int_x^{x-x^2} uf(u)\,\mathrm{d}u - \int_x^{x-x^2} xf(u)\,\mathrm{d}u \\ &= \int_x^{x-x^2} uf(u)\,\mathrm{d}u - x\int_x^{x-x^2} f(u)\,\mathrm{d}u\end{aligned}$$

$$\begin{aligned}F'(x) &= (1-2x)(x-x^2)f(x-x^2) - xf(x) \\ &\quad - \int_x^{x-x^2} f(u)\,\mathrm{d}u - x[f(x-x^2)(1-2x) - f(x)] \\ &= \int_{x-x^2}^{x} f(u)\,\mathrm{d}u + x^2(2x-1)f(x-x^2)\end{aligned}$$

【例 5-57】 设 $f(u)$ 是 u 的连续函数，$F(x) = \int_0^1 f(t\mathrm{e}^x)\,\mathrm{d}t$，求 $F'(x)$.

解： 令 $u=t\mathrm{e}^x$，t：$0\sim 1$，u：$0\sim \mathrm{e}^x$，则

$$\begin{aligned}F(x) &= \int_0^1 f(t\mathrm{e}^x)\,\mathrm{d}t \\ &= \int_0^{\mathrm{e}^x} f(u)\mathrm{e}^{-x}\,\mathrm{d}u = \mathrm{e}^{-x}\int_0^{\mathrm{e}^x} f(u)\,\mathrm{d}u\end{aligned}$$

$$F'(x) = -\mathrm{e}^{-x}\int_0^{\mathrm{e}^x} f(u)\,\mathrm{d}u + \mathrm{e}^{-x}f(\mathrm{e}^x)\mathrm{e}^x = f(\mathrm{e}^x) - \mathrm{e}^{-x}\int_0^{\mathrm{e}^x} f(u)\,\mathrm{d}u$$

练 习 题 5

1. 填空题.

(1) $\dfrac{\mathrm{d}}{\mathrm{d}x}\int_1^x \ln\sin t\,\mathrm{d}t =$ ________.

(2) 已知 $\Phi(x) = \int_0^x t\mathrm{e}^t\,\mathrm{d}t$，则 $\Phi''(0) =$ ________.

(3) 已知 $\int_0^x f(t)\,\mathrm{d}t = \dfrac{1}{2}x^2$，则 $\int_0^1 \mathrm{e}^{-x}f(x)\,\mathrm{d}x =$ ________.

（4）设$f(x)=\begin{cases}x, & x\geqslant 0\\ 1, & x<0\end{cases}$，则$\int_{-1}^{2}f(x)\mathrm{d}x=$________.

（5）已知$\int_{0}^{1}(2x+k)\mathrm{d}x=2$，则$k=$________.

（6）$\lim\limits_{x\to 0}\dfrac{\int_{0}^{x}\mathrm{e}^{t}\mathrm{d}t}{x}=$________.

（7）$\int_{-1}^{1}\dfrac{x(\arctan^{2}x+x)}{1+x^{2}}\mathrm{d}x=$________.

（8）设$f(2)=1$，$\int_{0}^{2}f(x)\mathrm{d}x=1$，则$\int_{0}^{2}xf'(x)\mathrm{d}x=$________.

（9）设$f(x)$在$[-a,a]$上连续，则$\int_{-a}^{a}x^{2}[f(x)-f(-x)]\mathrm{d}x=$________.

（10）曲线$y=1-x^{2}$与Ox轴围成图形的面积为=________.

（11）曲线$y=\dfrac{1}{x}$与直线$y=x$，$x=2$所围图形的面积为________.

（12）曲线$y=x^{2}$与$y=cx^{3}$（$c>0$）所围成图形的面积为$\dfrac{2}{3}$，则$c=$________.

（13）曲线$y=\sqrt{x}$与直线$x=1$，$x=4$和Ox轴所围图形绕Ox轴旋转所得旋转体的体积为________.

（14）曲线$y=x^{2}$与$x=y^{2}$所围平面图形绕Oy轴旋转所得旋转体的体积为________.

2. 单选题.

（1）下列等式中正确的是（　　）.

A. $\dfrac{\mathrm{d}}{\mathrm{d}x}\int_{a}^{b}f(x)\mathrm{d}x=f(x)$　　B. $\dfrac{\mathrm{d}}{\mathrm{d}x}\int f(x)\mathrm{d}x=f(x)+C$

C. $\dfrac{\mathrm{d}}{\mathrm{d}x}\int_{a}^{x}f(t)\mathrm{d}t=f(x)$　　D. $\int f'(x)\mathrm{d}x=f(x)$

（2）函数$f(x)$在$[a,b]$上连续，则$\left(\int_{x}^{b}f(t)\mathrm{d}t\right)'=$（　　）.

A. $f(x)$　　B. $-f(x)$

C. $f(b)-f(x)$　　D. $f(x)+f(b)$

（3）$\int_{0}^{1}f'(2x)\mathrm{d}x=$（　　）.

A. $2[f(2)-f(0)]$　　B. $2[f(1)-f(0)]$

C. $\dfrac{1}{2}[f(2)-f(0)]$　　D. $\dfrac{1}{2}[f(1)-f(0)]$

（4）设$\Phi(x)=\int_{0}^{x}(t-1)(t-2)\mathrm{d}t$，则$\Phi'(0)=$（　　）.

A. -2　　B. -1

C. 1　　D. 2

（5）下列定积分中，积分值小于零的是（　　）.

A. $\int_{0}^{\frac{\pi}{2}}\sin x\mathrm{d}x$　　B. $\int_{-\frac{\pi}{2}}^{0}\cos x\mathrm{d}x$

C. $\int_{-3}^{-2} x^3 \mathrm{d}x$　　D. $\int_{-3}^{-2} x^2 \mathrm{d}x$

(6) 设$f(x)$在$[a,b]$上连续，则下列各式中不成立的是（　　）.

A. $\int_a^b f(x)\mathrm{d}x = \int_a^b f(t)\mathrm{d}t$　　B. $\int_a^b f(x)\mathrm{d}x = -\int_b^a f(x)\mathrm{d}x$

C. $\int_a^a f(x)\mathrm{d}x = 0$　　D. 若$\int_a^b f(x)\mathrm{d}x = 0$，则$f(x)=0$

(7) 下列积分值不为零的是（　　）.

A. $\int_{-1}^{1} \frac{x}{1+x^2}\mathrm{d}x$　　B. $\int_{-\frac{\pi}{2}}^{\frac{\pi}{2}} x\sin^2 x\mathrm{d}x$

C. $\int_{-\pi}^{\pi} \sin^2 x\cos x\mathrm{d}x$　　D. $\int_{-1}^{1} |x| \mathrm{d}x$

(8) 下列等式中，正确的是（　　）.

A. $\int_{-a}^{a} f(x)\mathrm{d}x = \int_{-a}^{a} f(-x)\mathrm{d}x$　　B. $\int_{-a}^{a} f(x)\mathrm{d}x = 2\int_0^a f(x)\mathrm{d}x$

C. $\int_{-a}^{a} f(x)\mathrm{d}x = -\int_{-a}^{a} f(-x)\mathrm{d}x$　　D. $\int_{-a}^{a} f(x)\mathrm{d}x = 0$

(9) 设$f(x)$为连续函数，则$\int_a^b f(x)\mathrm{d}x - \int_a^b f(a+b-x)\mathrm{d}x$等于（　　）.

A. 0　　B. 1　　C. $a+b$　　D. $\int_a^b f(x)\mathrm{d}x$

3. 比较积分值的大小.

(1) $\int_0^1 \mathrm{e}^{-x}\mathrm{d}x$与$\int_0^1 \mathrm{e}^{-x^2}\mathrm{d}x$　　(2) $\int_0^1 \mathrm{e}^{x}\mathrm{d}x$与$\int_0^1 \mathrm{e}^{x^2}\mathrm{d}x$

4. 求下列极限.

(1) $\lim\limits_{x\to+\infty} \frac{\int_0^x \sqrt{1+t^4}\mathrm{d}t}{x^3}$　　(2) $\lim\limits_{x\to 0} \frac{\int_0^x \ln(1+t)\mathrm{d}t}{x^2}$

5. 计算下列定积分.

(1) $\int_0^5 \frac{x^3}{x^2+1}\mathrm{d}x$　　(2) $\int_0^{\frac{1}{2}} \frac{1+x}{\sqrt{1-x^2}}\mathrm{d}x$

(3) $\int_0^1 \frac{\mathrm{d}x}{1+\mathrm{e}^x}$　　(4) $\int_4^7 \frac{x}{\sqrt{x-3}}\mathrm{d}x$

(5) $\int_1^{\mathrm{e}^2} \frac{\mathrm{d}x}{x\sqrt{1+\ln x}}$　　(6) $\int_0^{\pi} \cos^2\frac{x}{2}\mathrm{d}x$

6. 计算下列定积分.

(1) $\int_0^{\frac{\pi}{2}} |\sin x - \cos x| \mathrm{d}x$

(2) $\int_0^{2\pi} \sqrt{1-\cos 2x}\mathrm{d}x$

(3) 设$f(x)=\begin{cases}1, & |x|\leqslant 1\\ x^2, & |x|>1\end{cases}$，求$\int_{-2}^{2} f(x)\mathrm{d}x$

(4) 设 $f(x)=\begin{cases}\dfrac{1}{1+x}, & x\geqslant 0\\ 1+e^x, & x<0\end{cases}$，求 $\int_0^2 f(x-1)\mathrm{d}x$

7. 计算下列定积分.

(1) $\int_0^{\ln 2}\sqrt{e^x-1}\mathrm{d}x$　　(2) $\int_0^3 \dfrac{x}{1+\sqrt{1+x}}\mathrm{d}x$

(3) $\int_0^{\ln 2}\dfrac{e^x}{1+e^{2x}}\mathrm{d}x$　　(4) $\int_1^2 \dfrac{\sqrt{x^2-1}}{x}\mathrm{d}x$

(5) $\int_0^1 \ln(1+x^2)\mathrm{d}x$　　(6) $\int_0^3 \arctan\sqrt{x}\mathrm{d}x$

8. 设 $f(2x+1)=xe^x$，求 $\int_3^5 f(t)\mathrm{d}t$.

9. 设 $\int_1^b \ln x\mathrm{d}x=1$，且 $b>0$，求 b 的值.

10. 设 $f(x)=x^2-x\int_0^2 f(x)\mathrm{d}x+2\int_0^1 f(x)\mathrm{d}x$，求 $f(x)$.

11. 已知函数 $f(x)$ 在 $[-1,1]$ 上连续，且满足 $f(x)=3x-\sqrt{1-x^2}\int_0^1 f^2(x)\mathrm{d}x$，求 $f(x)$.

12. 设 $f(x)$ 在 $[a,b]$ 上有二阶连续导数，$f(a)=f'(a)=0$，
证明：$\int_a^b f(x)\mathrm{d}x=\dfrac{1}{2}\int_a^b f''(x)(x-b)^2\mathrm{d}x$.

13. 设 $f(x)$ 在 $[a,b]$ 上连续，且 $f\left(\dfrac{ab}{x}\right)=f(x)$，$0<a<b$，
证明：$\int_a^b f(x)\dfrac{\ln x}{x}\mathrm{d}x=\dfrac{\ln(ab)}{2}\int_a^b \dfrac{f(x)}{x}\mathrm{d}x$.

14. 设 $f(x)$ 在 $(-\infty,+\infty)$ 连续，$\Phi(x)=\dfrac{1}{2}\int_0^x (x-t)^2 f(t)\mathrm{d}t$，求 $\Phi'(x)$，$\Phi''(x)$.

15. 设 $\Phi(x)=\int_0^x\left(\int_0^{y^2}\dfrac{\sin t^2}{1+t^2}\mathrm{d}t\right)\mathrm{d}y$，求 $\Phi''(x)$.

16. 设 $f(x)$ 为连续函数，证明：$\int_0^x f(t)(x-t)\mathrm{d}t=\int_0^x\left[\int_0^t f(u)\mathrm{d}u\right]\mathrm{d}t$.

第6章　微分方程

6.1　内容概要

6.1.1　微分方程的基本概念

(1) 含有未知函数的导数或微分的方程称为微分方程. 未知函数是一元函数的微分方程称为常微分方程，简称微分方程.

(2) 微分方程中未知函数的最高阶导数的阶数称为微分方程的阶. 一般的，n 阶微分方程具有如下形式

$$F(x,y,y',y''\cdots y^{(n)})=0$$

(3) 如果函数 $y=\varphi(x)$ 代入微分方程后，使其成为恒等式，则称函数 $y=\varphi(x)$ 为该微分方程的解. 因此求满足微分方程的未知函数，就是求微分方程的解.

微分方程解中所含独立的任意常数的个数等于这个方程的阶数，则称该解为方程的通解. 当通解中各任意常数都取确定的值时所得的解，称为方程的特解. 用来确定通解中任意常数的给定条件，称为初始条件. 微分方程与初始条件构成的问题，称为初值问题，求解初值问题，就是求方程的特解.

6.1.2　可分离变量的一阶微分方程

在一阶微分方程中，形如

$$\frac{dy}{dx}=f(x)g(y)$$

的方程，称为可分离变量的方程，其中 $f(x)$，$g(y)$ 是连续函数，$g(y)\neq 0$.

由 $\frac{dy}{dx}=f(x)g(y)$，得 $\frac{dy}{g(y)}=f(x)dx$

两边积分 $\int\frac{dy}{g(y)}=\int f(x)dx$

若设 $G(y)$，$F(x)$ 分别为 $\frac{1}{g(y)}$ 及 $f(x)$ 的原函数，则有

$$G(y)=F(x)+C$$

6.1.3　一阶线性微分方程

(1) 在一阶微分方程中，如果未知函数及其导数都是一次的，则称这个方程为一阶线性微分方程.

(2) 一阶线性微分方程的一般形式为 $y'+P(x)y=Q(x)$，如果 $Q(x)\equiv 0$，则有 $\frac{dy}{dx}+P(x)y=0$ 称为一阶齐次线性微分方程；如果 $Q(x)\neq 0$，方程称为一阶非齐次线性微分

方程.

一阶线性微分方程的通解是

$$y = e^{-\int P(x)dx}\left(\int Q(x)e^{\int P(x)dx}dx + C\right)$$

6.1.4　二阶常系数线性微分方程

1. 二阶常系数线性微分方程解的结构

（1）形如 $y''+py'+qy=f(x)$，（p，q 为常数）的微分方程，称为二阶常系数线性微分方程.

当 $f(x)\equiv 0$ 时，$y''+py'+qy=0$ 称为二阶常系数线性齐次微分方程.

当 $f(x)\neq 0$ 时 $y''+py'+qy=f(x)$ 称为二阶常系数线性非齐次微分方程.

（2）如果 y_1，y_2 是齐次方程的两个解，则 $C_1y_1+C_2y_2$ 也是齐次方程的解.

（3）对于两个不恒为零的函数 y_1 与 y_2，如果存在一个常数 C，使 $\frac{y_2}{y_1}=C$，则称函数 y_1，y_2 线性相关，否则称为线性无关.

（4）如果 y_1，y_2 是齐次方程的两个线性无关的特解，则 $C_1y_1+C_2y_2$（C_1，C_2 为任意常数）是齐次方程的通解.

2. 二阶常系数线性齐次微分方程的解法

【求方程 $y''+py'+qy=0$ 通解的方法】

（1）写出微分方程的特征方程 $r^2+pr+q=0$.

（2）求出特征方程的根 r_1，r_2.

（3）根据 r_1，r_2 的不同情况，写出方程 $y''+py'+qy=0$ 的通解 y.

两个不相等的实根 $r_1\neq r_2$，$y=C_1e^{r_1x}+C_2e^{r_2x}$.

两个相等的实根 $r_1=r_2$，$y=(C_1+C_2x)e^{r_1x}$.

共轭复根 $r_{1,2}=\alpha\pm i\beta$，$y=e^{\alpha x}(C_1\cos\beta x+C_2\sin\beta x)$.

3. 二阶常系数线性非齐次微分方程的解法

设 y^* 是方程 $y''+py'+qy=f(x)$ 的一个特解，Y 是方程 $y''+py'+qy=0$ 的通解，则 $y=Y+y^*$ 是方程 $y''+py'+qy=f(x)$ 的通解.

【求方程 $y''+py'+qy=f(x)$ 通解的方法】

（1）先求出对应的齐次方程 $y''+py'+qy=0$ 的通解 Y.

（2）再求出非齐次方程 $y''+py'+qy=f(x)$ 的一个特解 y^*.

（3）得到方程 $y''+py'+qy=f(x)$ 的通解 $y=Y+y^*$.

【求非齐次方程的一个特解 y^* 的方法】

（1）非齐次项 $f(x)=(ax+b)e^{rx}$ 时，可用下面的方法设 y^*：

① 当 r 不是 $r^2+pr+q=0$ 的根时，设 $y^*=(Ax+B)e^{rx}$.

② 当 r 是 $r^2+pr+q=0$ 的单根时，设 $y^*=x(Ax+B)e^{rx}$.

③ 当 r 是 $r^2+pr+q=0$ 的重根时，设 $y^*=x^2(Ax+B)e^{rx}$.

（2）非齐次项 $f(x)=a\cos\omega x+b\sin\omega x$，其中 a，b，ω 为常数，$y''+py'+qy=f(x)$ 的特解 y^* 的形式为：

① 当 $\pm\omega i$ 不是特征方程 $r^2+pr+q=0$ 的根时，可设 $y^*=A\cos\omega x+B\sin\omega x$.

② 当 $\pm\omega i$ 是特征方程 $r^2+pr+q=0$ 的根时，可设 $y^*=x(A\cos\omega x+B\sin\omega x)$.

6.2 重要题型及解题方法

6.2.1 可分离变量的微分方程

形如 $M_1(x)N_1(y)\mathrm{d}x+M_2(x)N_2(y)\mathrm{d}y=0$ 的方程称为可分离变量的微分方程.

【解题方法】

(1) 分离变量. 先将原方程变形，使等式的一端只含 $\mathrm{d}y$，其系数是 y 的函数，另一端只含 $\mathrm{d}x$，其系数为 x 的函数.

(2) 两边积分. 对已分离变量的微分方程两边分别积分，得到原方程的通解.

(3) 如果给定初始条件，只需将初始条件代入上面的通解中，解出常数 C，即可得原方程满足初始条件的特解.

【例 6-1】 求微分方程 $xyy'=1-x^2$ 的通解.

解： 分离变量 $y\mathrm{d}y=\dfrac{1-x^2}{x}\mathrm{d}x$

两边积分 $\int y\mathrm{d}y=\int\dfrac{1}{x}\mathrm{d}x-\int x\mathrm{d}x$

$$\frac{1}{2}y^2=\ln x-\frac{1}{2}x^2+C_1$$

即 $x^2+y^2=2\ln x+C$

【例 6-2】 求微分方程 $(xy^2+x)\mathrm{d}x+y(1+x^2)\mathrm{d}y=0$ 的通解.

解： 分离变量 $x(y^2+1)\mathrm{d}x+y(1+x^2)\mathrm{d}y=0$

$$\frac{y}{1+y^2}\mathrm{d}y=-\frac{x}{1+x^2}\mathrm{d}x$$

两边积分 $\int\dfrac{y}{1+y^2}\mathrm{d}y=-\int\dfrac{x}{1+x^2}\mathrm{d}x$

$$\frac{1}{2}\ln(1+y^2)=-\frac{1}{2}\ln(1+x^2)+C_1$$

即 $(1+x^2)(1+y^2)=C$

【例 6-3】 求微分方程 $\dfrac{\mathrm{d}y}{\mathrm{d}x}+\dfrac{\mathrm{e}^{y^3+x}}{y^2}=0$ 满足 $y\Big|_{x=0}=0$ 的特解.

解： 分离变量 $\dfrac{\mathrm{d}y}{\mathrm{d}x}+\dfrac{\mathrm{e}^{y^3}}{y^2}\mathrm{e}^x=0$

$$\frac{y^2}{\mathrm{e}^{y^3}}\mathrm{d}y=-\mathrm{e}^x\mathrm{d}x$$

两边积分 $\int\dfrac{y^2}{\mathrm{e}^{y^3}}\mathrm{d}y=-\int\mathrm{e}^x\mathrm{d}x$

原方程的通解是 $\dfrac{1}{3}\mathrm{e}^{-y^3}=\mathrm{e}^x+C$

由初始条件 $y\Big|_{x=0}=0$，得 $C=-\dfrac{2}{3}$

原方程满足初始条件的特解是 $e^{-y^3}=3e^x-2$

【例6-4】 已知$f'(x)=1+x^2$，且$f(0)=1$，求$f(x)$.

解： 分离变量 $df(x)=(1+x^2)dx$

两边积分 $\int df(x)=\int(1+x^2)dx$

$$f(x)=x+\frac{1}{3}x^3+C$$

由 $f(0)=1$，得$C=1$，则

所求函数是 $f(x)=x+\dfrac{1}{3}x^3+1$

6.2.2 一阶线性微分方程

形如$y'+p(x)y=q(x)$的微分方程，称为一阶线性微分方程.

【解题方法】

（1）常数变易法. 先求出相应的齐次方程$y'+p(x)y=0$的通解，由可分离变量的微分方程求解方法可得其通解为$y=Ce^{-\int p(x)dx}$. 令$y'+p(x)y=q(x)$的通解为$y=C(x)e^{-\int p(x)dx}$，代入原方程可求得$C(x)=\int q(x)e^{\int p(x)dx}dx+C$，得到一阶线性微分方程的通解为$y=e^{-\int p(x)dx}\left(\int q(x)e^{\int p(x)dx}dx+C\right)$.

（2）直接利用公式求解. 先将所给微分方程化为标准形式$y'+p(x)y=q(x)$，将$p(x)$，$q(x)$代入公式$y=e^{-\int p(x)dx}\left(\int q(x)e^{\int p(x)dx}dx+C\right)$，可得原方程的通解.

【例6-5】 求微分方程$y'+xy=xe^{-x^2}$的通解.

解： 用常数变易法

方程$y'+xy=xe^{-x^2}$，相应的齐次方程是$y'+xy=0$

分离变量 $\dfrac{dy}{y}=-xdx$

两边积分 $\ln y=-\dfrac{1}{2}x^2+C_1$

$$y=Ce^{-\frac{1}{2}x^2}$$

设原方程的通解为$y=C(x)e^{-\frac{1}{2}x^2}$，则

$$y'=C'(x)e^{-\frac{1}{2}x^2}-xC(x)e^{-\frac{1}{2}x^2}$$

将y，y'代入原方程，得

$$C'(x)e^{-\frac{1}{2}x^2}-xC(x)e^{-\frac{1}{2}x^2}+xC(x)e^{-\frac{1}{2}x^2}=xe^{-x^2}$$

$$C'(x)=xe^{-\frac{1}{2}x^2}$$

再分离变量，积分，得

$$C(x)=\int xe^{-\frac{1}{2}x^2}dx=-e^{-\frac{1}{2}x^2}+C$$

原方程的通解为 $y = C\mathrm{e}^{-\frac{1}{2}x^2} - \mathrm{e}^{-x^2}$

【例 6-6】 求微分方程 $y - y' = 1 + xy'$ 的通解.

解:

方法一：原方程可化为 $y' - \frac{1}{1+x}y = -\frac{1}{1+x}$

$$p(x) = -\frac{1}{1+x},\ q(x) = -\frac{1}{1+x}$$

$$\begin{aligned} y &= \mathrm{e}^{-\int p(x)\mathrm{d}x}\left(\int q(x)\mathrm{e}^{\int p(x)\mathrm{d}x}\mathrm{d}x + C\right) \\ &= \mathrm{e}^{\int\frac{1}{1+x}\mathrm{d}x}\left(\int\frac{-1}{1+x}\mathrm{e}^{-\int\frac{1}{1+x}\mathrm{d}x}\mathrm{d}x + C\right) \\ &= \mathrm{e}^{\ln(1+x)}\left(\int\frac{-1}{1+x}\mathrm{e}^{-\ln(1+x)}\mathrm{d}x + C\right) \\ &= (1+x)\left(-\int\frac{1}{(1+x)^2}\mathrm{d}x + C\right) \\ &= (1+x)\left(\frac{1}{1+x} + C\right) \\ &= 1 + C(1+x) \end{aligned}$$

方法二：原方程可化为 $(x+1)y' = y - 1$

分离变量 $\frac{\mathrm{d}y}{y-1} = \frac{\mathrm{d}x}{x+1}$

两边积分 $\int\frac{\mathrm{d}y}{y-1} = \int\frac{\mathrm{d}x}{x+1}$

$$\ln(y-1) = \ln(x+1) + C_1$$

原方程的通解为 $y - 1 = C(x+1)$，即 $y = 1 + C(x+1)$

【例 6-7】 求微分方程 $xy' + y = \mathrm{e}^x$ 满足初始条件 $y\Big|_{x=1} = \mathrm{e}$ 的特解.

解: 原方程可化为 $y' + \frac{1}{x}y = \frac{1}{x}\mathrm{e}^x$

令 $p(x) = \frac{1}{x}$，$q(x) = \frac{1}{x}\mathrm{e}^x$，则

$$\begin{aligned} y &= \mathrm{e}^{-\int p(x)\mathrm{d}x}\left(\int q(x)\mathrm{e}^{\int p(x)\mathrm{d}x}\mathrm{d}x + C\right) \\ &= \mathrm{e}^{-\ln x}\left(\int\frac{1}{x}\mathrm{e}^x\cdot\mathrm{e}^{\ln x}\mathrm{d}x + C\right) \\ &= \frac{1}{x}\left(\int\mathrm{e}^x\mathrm{d}x + C\right) \\ &= \frac{1}{x}(\mathrm{e}^x + C) \end{aligned}$$

将初始条件 $y\Big|_{x=1} = \mathrm{e}$ 代入上式，得 $C = 0$

原方程满足初始条件的特解是 $y = \frac{\mathrm{e}^x}{x}$

6.2.3 二阶线性常系数齐次微分方程

形如 $y''+py'+qy=0$ 的微分方程，称为二阶线性常系数齐次微分方程.

【解题方法】

(1) 求出特征方程 $r^2+pr+q=0$ 的根 r_1，r_2.

(2) 当 $r_1\neq r_2$时，方程的通解是 $y=C_1e^{r_1x}+C_2e^{r_2x}$

当 $r_1=r_2$时，方程的通解是 $y=(C_1+C_2x)e^{r_1x}$.

当 $r_1=\alpha+i\beta$，$r_2=\alpha-i\beta$ 时，方程的通解是 $y=e^{\alpha x}(C_1\cos\beta x+C_2\sin\beta x)$.

【例 6-8】 求微分方程 $y''+y'-2y=0$ 的通解.

解： 由特征方程 $r^2+r-2=0$，得 $r_1=1$，$r_2=-2$

方程的通解是　$y=C_1e^x+C_2e^{-2x}$

【例 6-9】 求微分方程 $y''-4y'+4y=0$ 的通解.

解： 由特征方程 $r^2-4r+4=0$，得 $r=2$

方程的通解是　$y=(C_1+C_2x)e^{2x}$

【例 6-10】 求微分方程 $y''+2y=0$ 的通解.

解： 由特征方程 $r^2+2=0$，得 $r=\pm\sqrt{2}i$

方程的通解是　$y=C_1\cos\sqrt{2}x+C_2\sin\sqrt{2}x$

6.2.4 二阶线性常系数非齐次微分方程

形如 $y''+py'+qy=f(x)$的微分方程称为二阶线性常系数非齐次微分方程.

【解题方法】

(1) 设 y^* 是方程 $y''+py'+qy=f(x)$ 的一个特解，Y 是方程 $y''+py'+qy=0$ 的通解，则 $y=Y+y^*$ 是方程 $y''+py'+qy=f(x)$的通解.

(2) 先求出对应的齐次方程 $y''+py'+qy=0$ 的通解 Y，再求出非齐次方程 $y''+py'+qy=f(x)$的一个特解 y^*，就得到方程 $y''+py'+qy=f(x)$的通解，$y=Y+y^*$.

(3) 非齐次项 $f(x)=(ax+b)e^{rx}$时，可用下面的方法设 y^*：

当 r 不是 $r^2+pr+q=0$ 的根时，设 $y^*=(Ax+B)e^{rx}$.

当 r 是 $r^2+pr+q=0$ 的单根时，设 $y^*=x(Ax+B)e^{rx}$.

当 r 是 $r^2+pr+q=0$ 的重根时，设 $y^*=x^2(Ax+B)e^{rx}$.

(4) 非齐次项 $f(x)=a\cos wx+b\sin wx$ 时，可用下面的方法设 y^*；

当 $\pm wi$ 不是特征方程 $r^2+pr+q=0$ 的根时，可设 $y^*=A\cos wx+B\sin wx$

当 $\pm wi$ 是特征方程 $r^2+pr+q=0$ 的根时，可设 $y^*=x\ (A\cos wx+B\sin wx)$

【例 6-11】 求微分方程 $y''-3y'+2y=xe^{2x}$的通解.

解： 由特征方程 $r^2-3r+2=0$，得 $r_1=1$，$r_2=2$

原方程对应齐次方程的通解是　$Y=C_1e^x+C_2e^{2x}$

非齐次项 $f(x)=xe^{2x}$，$r_2=2$ 是单根

令　$y^*=x(Ax+B)e^{2x}=(Ax^2+Bx)e^{2x}$

$y^*{}'=[2Ax^2+(2A+2B)x+B]e^{2x}$

$y^*{}''=[4Ax^2+(8A+4B)x+(2A+4B)]e^{2x}$

将 y^*，$y^{*\prime}$，$y^{*\prime\prime}$代入原方程，得

$$2Ax+2A+B=x$$

比较系数，得

$$A=\frac{1}{2},\ B=-1$$

特解 $y^*=x\left(\frac{1}{2}x-1\right)e^{2x}$

原方程的通解为

$$y=Y+y^*=C_1e^x+C_2e^{2x}+x\left(\frac{1}{2}x-1\right)e^{2x}$$

【例 6-12】求微分方程 $y''+4y=\frac{1}{2}x$ 满足初始条件 $y\Big|_{x=0}=0$，$y'\Big|_{x=0}=0$，的特解.

解：由特征方程 $r^2+4=0$，得 $r_{1,2}=\pm 2i$

对应齐次方程的通解为

$$Y=C_1\cos 2x+C_2\sin 2x$$

$\lambda=0$，不是特征方程的根

令 $y^*=Ax+B$，得 $y^{*\prime}=A$，$y^{*\prime\prime}=0$，将 y^*，$y^{*\prime}$，$y^{*\prime\prime}$代入原方程，得

$$4(Ax+B)=\frac{1}{2}x$$

比较两边系数，得

$$A=\frac{1}{8},\ B=0$$

$$y^*=\frac{1}{8}x$$

原方程的通解为

$$y=C_1\cos 2x+C_2\sin 2x+\frac{1}{8}x$$

由初始条件 $y\Big|_{x=0}=0$，$y'\Big|_{x=0}=0$，得

$$C_1=0,\ C_2=-\frac{1}{16}$$

原方程满足初始条件的特解是

$$y=-\frac{1}{16}\sin 2x+\frac{1}{8}x$$

6.3 习题 6 解析

【例 6-13】求下列微分方程的通解

(1) $(1+y)dx-(1-x)dy=0$ (2) $xydx+\sqrt{1-x^2}dy=0$

解：(1) $\frac{dx}{1-x}-\frac{dy}{1+y}=0$，两边积分，得

$$\int \frac{dx}{1-x} - \int \frac{dy}{1+y} = 0$$

$$-\ln(1-x) - \ln(1+y) = C_1$$

$$-\ln(1-x)(1+y) = C_1$$

$$(1-x)(1+y) = C$$

（2）原方程分离变量，得

$$\frac{x dx}{\sqrt{1-x^2}} + \frac{dy}{y} = 0$$

两边积分，得

$$-\sqrt{1-x^2} + \ln|y| = C_1$$

$$|y| = e^{\sqrt{1-x^2}+C_1}$$

$$y = \pm e^{C_1} \cdot e^{\sqrt{1-x^2}}$$

即 $y = Ce^{\sqrt{1-x^2}}$

【例 6-14】求下列微分方程的通解.

（1）$x\frac{dy}{dx} = y\ln\frac{y}{x}$ （2）$(x^2+y^2)dx - xydy = 0$

解：（1）令$\frac{y}{x} = u$，$y = ux$，$y' = u + xu'$，则

$$u + xu' = u\ln u,\ x\frac{du}{dx} = u\ln u - u$$

$$\frac{du}{u(\ln u - 1)} = \frac{dx}{x}$$

两边积分，得

$$\ln(\ln u - 1) = \ln Cx$$

$$\ln u - 1 = Cx$$

$$\ln\frac{y}{x} = 1 + Cx$$

（2）$\frac{dy}{dx} = \frac{x^2+y^2}{xy}$，$\frac{dy}{dx} = \frac{1+\left(\frac{y}{x}\right)^2}{\frac{y}{x}}$

令$\frac{y}{x} = u$，$y = ux$，$y' = u + xu'$，则

$$u + xu' = \frac{1+u^2}{u}$$

$$u + xu' = \frac{1}{u} + u,\ xu' = \frac{1}{u}$$

$$udu = \frac{dx}{x}$$

两边积分，得

$$\ln x=\frac{u^2}{2}+C_1$$

原方程的通解是 $y^2=x^2(2\ln x+C)$

【例 6-15】求下列微分方程满足所给初始条件的特解.

(1) $y'\sin x-y\ln y=0$，$y\Big|_{x=\frac{\pi}{2}}=\mathrm{e}$ (2) $y'=\mathrm{e}^{2x-y}$，$y\Big|_{x=0}=0$

解：(1) 由 $y'\sin x-y\ln y=0$，得

$$y'\sin x=y\ln y$$

$$\frac{\mathrm{d}y}{y\ln y}=\frac{1}{\sin x}\mathrm{d}x$$

积分，得

$$\ln\ln y=\ln C(\csc x-\cot x)$$

由初始条件 $y\Big|_{x=\frac{\pi}{2}}=\mathrm{e}$，得 $C=1$，则

$$\ln y=\csc x-\cot x$$

方程的特解是 $\ln y=\tan\dfrac{x}{2}$

(2) 由 $y'=\mathrm{e}^{2x-y}$，得

$$\mathrm{e}^y\mathrm{d}y=\mathrm{e}^{2x}\mathrm{d}x$$

积分，得

$$\mathrm{e}^y=\frac{1}{2}\mathrm{e}^{2x}+C$$

由初始条件 $y\Big|_{x=0}=0$，得 $C=\dfrac{1}{2}$，则

方程的特解是 $\mathrm{e}^y=\dfrac{1}{2}(\mathrm{e}^{2x}+1)$

【例 6-16】求下列微分方程的通解.

(1) $y'+y=3x$ (2) $y'\tan x-y=1$

解：(1) $p(x)=1$，$q(x)=3x$，则

$$\begin{aligned}y&=\mathrm{e}^{-\int\mathrm{d}x}\left(\int 3x\cdot\mathrm{e}^{\int\mathrm{d}x}\mathrm{d}x+C\right)\\&=\mathrm{e}^{-x}\left(\int 3x\mathrm{e}^{x}\mathrm{d}x+C\right)\\&=\mathrm{e}^{-x}(3x\mathrm{e}^{x}-3\mathrm{e}^{x}+C)\\&=3(x-1)+C\mathrm{e}^{-x}\end{aligned}$$

(2) $y'-y\cot x=\cot x$，$p(x)=-\cot x$，$q(x)=\cot x$，则

$$\begin{aligned}y&=\mathrm{e}^{\int\cot x\mathrm{d}x}\left(\int\cot x\cdot\mathrm{e}^{-\int\cot x\mathrm{d}x}\mathrm{d}x+C\right)\\&=\mathrm{e}^{\ln\sin x}\left(\int\cot x\cdot\mathrm{e}^{-\ln\sin x}\mathrm{d}x+C\right)\\&=\sin x\left(\int\frac{\cos x}{\sin^2x}\mathrm{d}x+C\right)\end{aligned}$$

$$= \sin x\left(-\frac{1}{\sin x} + C\right)$$

$$= C\sin x - 1$$

【例6-17】求下列微分方程满足所给初始条件的特解.

(1) $y' - \frac{1}{1-x^2}y = 1 + x$，$y\Big|_{x=0} = 1$　　(2) $xy' + y = \cos x$，$y\Big|_{x=\pi} = 1$

解：(1) $p(x) = -\frac{1}{1-x^2}$，$q(x) = 1 + x$，则

$$y = e^{\int \frac{1}{1-x^2}dx}\left(\int (1+x)e^{-\int \frac{1}{1-x^2}dx}dx + C\right)$$

$$= e^{\frac{1}{2}\ln\frac{1+x}{1-x}}\left(\int (1+x)e^{-\frac{1}{2}\ln\frac{1+x}{1-x}}dx + C\right)$$

$$= \sqrt{\frac{1+x}{1-x}}\left(\int (1+x)\cdot\sqrt{\frac{1-x}{1+x}}dx + C\right)$$

$$= \sqrt{\frac{1+x}{1-x}}\left(\int \sqrt{1-x^2}dx + C\right)$$

$$y = \sqrt{\frac{1+x}{1-x}}\left(\frac{1}{2}\arcsin x + \frac{1}{2}x\sqrt{1-x^2} + C\right)$$

由初始条件 $y\Big|_{x=0} = 1$，得 $C = 1$，则

方程的特解是 $y = \sqrt{\frac{1+x}{1-x}}\left(\frac{1}{2}\arcsin x + \frac{1}{2}x\sqrt{1-x^2} + 1\right)$

(2) 由 $xy' + y = \cos x$，得

$$y' + \frac{1}{x}y = \frac{1}{x}\cos x$$

$p(x) = \frac{1}{x}$，$q(x) = \frac{1}{x}\cos x$，则

$$y = e^{-\int \frac{1}{x}dx}\left(\int \frac{\cos x}{x}e^{\int \frac{1}{x}dx}dx + C\right)$$

$$= e^{\ln x^{-1}}\left(\int \frac{\cos x}{x}e^{\ln x}dx + C\right)$$

$$= \frac{1}{x}\left(\int \cos x dx + C\right)$$

$$= \frac{1}{x}(\sin x + C)$$

由初始条件 $y\Big|_{x=\pi} = 1$，得 $C = \pi$，则

方程的特解是 $y = \frac{1}{x}(\sin x + \pi)$

【例6-18】求下列微分方程的通解.

(1) $y'' - 2y' + y = e^x$　　(2) $y'' - 6y' + 9y = (x+1)e^{3x}$

解：(1) 由 $y'' - 2y' + y = 0$，得

$$r^2-2r+1=0,\ (r-1)^2=0,\ r=1$$

齐次方程的通解是 $(C_1+C_2x)e^x$

令 $y^*=Ax^2e^x$

$y^{*\prime}=2Axe^x+Ax^2e^x$,

$y^{*\prime\prime}=2Ae^x+2Axe^x+2Axe^x+Ax^2e^x$

代入原方程，得

$$2Ae^x+4Axe^x+Ax^2e^x-4Axe^x-2Ax^2e^x+Ax^2e^x=e^x$$

比较两边系数，得 $A=\frac{1}{2}$，即

$$y^*=\frac{1}{2}x^2e^x$$

原方程的通解为 $y=(C_1+C_2x)e^x+\frac{1}{2}x^2e^x$

（2）$y''-6y'+9y=(x+1)e^{3x}$,

相应的齐次方程 $y''-6y+9y=0$

特征方程 $r^2-6r+9=0$，$(r-3)^2=0$，$r=3$

齐次方程的通解 $(C_1+C_2x)e^{3x}$

令 $y^*=(Ax+B)x^2e^{3x}=(Ax^3+Bx^2)e^{3x}$

$y^{*\prime}=(3Ax^2+2Bx)e^{3x}+3(Ax^3+Bx^2)e^{3x}$

$y^{*\prime\prime}=(6Ax+2B)e^{3x}+3(3Ax^2+2Bx)+3(3Ax^2+2Bx)e^{3x}+9(Ax^3+Bx^2)e^{3x}$

将 y^*，$y^{*\prime}$，$y^{*\prime\prime}$代入原方程，比较系数，得 $A=\frac{1}{6}$，$B=\frac{1}{2}$，即

$$y^*=\frac{x^2}{2}\left(\frac{x}{3}+1\right)e^{3x}$$

原方程的通解为 $y=(C_1+C_2x)e^{3x}+\frac{x^2}{2}\left(\frac{x}{3}+1\right)e^{3x}$

【例 6-19】求下列微分方程的通解.

（1）$y''+9y=2\cos x$　　（2）$y''+y=e^x+\cos x$

解:（1）由 $y''+9y=0$ 得特征方程 $r^2+9=0$，$r=\pm3i$

齐次方程的通解为 $C_1\cos3x+C_2\sin3x$

令 $y^*=A\cos x+B\sin x$

$y^{*\prime}=-A\sin x+B\cos x$

$y^{*\prime\prime}=-A\cos x-B\sin x$

代入原方程，得

$$-A\cos x-B\sin x+9A\cos x+9B\sin x=2\cos x$$

比较系数，得 $A=\frac{1}{4}$，$B=0$，即

$$y^*=\frac{1}{4}\cos x$$

原方程的通解为 $y=C_1\cos3x+C_2\sin3x+\frac{1}{4}\cos x$

（2）由 $y''+y=0$，得 $r^2+1=0$，$r=\pm i$

齐次方程的通解为 $C_1\cos x+C_2\sin x$

由 $y''+y=e^x$

令 $y_1^*=Ae^x$，得 $y_1^{*\prime}=y_1^{*\prime\prime}=Ae^x$

代入 $y''+y=e^x$，得 $Ae^x+Ae^x=e^x$，$A=\dfrac{1}{2}$，即

$$y_1^*=\frac{1}{2}e^x$$

由 $y''+y=\cos x$

令 $y_2^*=x(A\cos x+B\sin x)=Ax\cos x+Bx\sin x$

$y_2^{*\prime}=A\cos x+B\sin x-xA\sin x+xB\cos x$

$y_2^{*\prime\prime}=-A\sin x+B\cos x-A\sin x-xA\cos x+B\cos x-xB\sin x$

代入 $y''+y=\cos x$，得

$$-2A\sin x+2B\cos x-xA\cos x-xB\sin x+Ax\cos x+Bx\sin x=\cos x$$

比较两边系数，得 $A=0$，$B=\dfrac{1}{2}$，即

$$y_2^*=\frac{1}{2}x\sin x$$

原方程的通解为 $y=C_1\cos x+C_2\sin x+\dfrac{1}{2}e^x+\dfrac{1}{2}x\sin x$

6.4 复习题6解析

【例6-20】 求下列微分方程的通解.

（1）$x\mathrm{d}y-(2y+x^2)\mathrm{d}x=0$

（2）$y\mathrm{d}x+(y+2x)\mathrm{d}y=0$

（3）$(x^2e^y+2x)y'=1$

（4）$(y-x\sin x)\mathrm{d}x+x\mathrm{d}y=0$

解：（1）$x\mathrm{d}y-(2y+x^2)\mathrm{d}x=0$

$$x\mathrm{d}y=(2y+x^2)\mathrm{d}x$$

$$\frac{\mathrm{d}y}{\mathrm{d}x}-\frac{2}{x}y=x$$

$$y=e^{\int\frac{2}{x}\mathrm{d}x}\left(\int xe^{-\int\frac{2}{x}\mathrm{d}x}\mathrm{d}x+C\right)$$

$$=x^2\left(\int x\cdot\frac{1}{x^2}\mathrm{d}x+C\right)$$

$$=x^2(\ln|x|+C)$$

（2）$y\mathrm{d}x+(y+2x)\mathrm{d}y=0$

$$y\frac{\mathrm{d}x}{\mathrm{d}y}+y+2x=0$$

$$\frac{\mathrm{d}x}{\mathrm{d}y}+\frac{2}{y}x=-1$$

$$x = e^{-\int\frac{2}{y}dy}\left(\int(-e^{\int\frac{2}{y}dy})dy + C\right)$$

$$= \frac{1}{y^2}\left(-\int y^2 dy + C\right)$$

$$= \frac{1}{y^2}\left(-\frac{y^3}{3} + C\right)$$

（3）$(x^2e^y + 2x)y' = 1$

$$x^2e^y + 2x = \frac{dx}{dy}，e^y + \frac{2}{x} = \frac{1}{x^2}\frac{dx}{dy}$$

$$-\frac{d\left(\frac{1}{x}\right)}{dy} - \frac{2}{x} = e^y$$

$$\frac{d\left(-\frac{1}{x}\right)}{dy} + 2\left(-\frac{1}{x}\right) = e^y$$

$$-\frac{1}{x} = e^{-\int 2dy}\left(\int e^y \cdot e^{\int 2dy}dy + C\right)$$

$$= e^{-2y}\left(\int e^y \cdot e^{2y}dy + C\right)$$

$$= e^{-2y}\left(\frac{1}{3}e^{3y} + C\right)$$

$$\frac{1}{x} = -\frac{1}{3}e^y + Ce^{-2y}$$

（4）$(y - x\sin x)dx + xdy = 0$

$y dx - x\sin x dx + x dy = 0$

$dxy + d(x\cos x - \sin x) = 0$

$xy + x\cos x - \sin x = C$

$y = \frac{1}{x}(\sin x - x\cos x + C)$

【例 6-21】 求下列微分方程的通解.

（1）$xy'' = y' + x\sin\frac{y'}{x}$　　（2）$xy'' - y' = x^2$

（3）$y'' + 2y' + 10y = x + e^{-x}\sin 3x$　　（4）$y'' + 2y' + 5y = \cos^3 x$

解：（1）$xy'' = y' + x\sin\frac{y'}{x}$

令$y' = p$，$y'' = p'$，则

$xp' = p + x\sin\frac{p}{x}$

$p' = \frac{p}{x} + \sin\frac{p}{x}$

令$\frac{p}{x} = u$，得$p = ux$，$p' = u + xu'$

代入$p' = \frac{p}{x} + \sin\frac{p}{x}$，得

$$x\frac{\mathrm{d}u}{\mathrm{d}x}=\sin u$$

$$\frac{\mathrm{d}u}{\sin u}=\frac{\mathrm{d}u}{x}$$

两边积分，得

$$\ln\tan\frac{u}{2}=\ln C_1x,\ \tan\frac{u}{2}=C_1x$$

$$\tan\frac{p}{2x}=C_1x,\ \tan\frac{y'}{2x}=C_1x$$

$$y'=2x\cdot\arctan C_1x$$

两边积分，得

$$\begin{aligned}y&=\int\arctan C_1x\mathrm{d}x^2\\&=x^2\arctan C_1x-\int x^2\frac{1}{1+C_1^2x^2}\mathrm{d}(C_1x)\\&=x^2\arctan C_1x-\frac{1}{C_1^2}\int\frac{C_1^2x^2+1-1}{1+C_1^2x^2}\mathrm{d}(C_1x)\\&=x^2\arctan C_1x-\frac{1}{C_1^2}(C_1x-\arctan C_1x)+C_2\\&=x^2\arctan C_1x-\frac{x}{C_1}+\frac{1}{C_1^2}\arctan C_1x+C_2\end{aligned}$$

（2）$xy''-y'=x^2$

令 $y'=p$，$y''=p'$，$xp'-p=x^2$，$p'-\frac{1}{x}p=x$，则

$$\begin{aligned}p&=\mathrm{e}^{\int\frac{1}{x}\mathrm{d}x}\left(\int x\mathrm{e}^{-\int\frac{1}{x}\mathrm{d}x}\mathrm{d}x+C_1\right)\\&=x\left(\int x\cdot\frac{1}{x}\mathrm{d}x+C_1\right)\\&=x^2+C_1x\end{aligned}$$

$$y'=x^2+C_1x$$

$$y=\frac{x^3}{3}+C_1x^2+C_2$$

（3）$y''+2y'+10y=x+\mathrm{e}^{-x}\sin 3x$

由　$y''+2y'+10y=0$，得

$$r^2+2r+10=0,\ r=-1\pm 3i$$

齐次方程的通解为　$\mathrm{e}^{-x}(C_1\cos 3x+C_2\sin 3x)$

由 $y''+2y'+10y=x$

令 $y_1^*=Ax+B$，得 $y_1^{*\prime}=A$，$y_1^{*\prime\prime}=0$

代入方程 $y''+2y'+10y=x$，得

$$2A+10Ax+10B=x$$

比较系数，得 $A=\frac{1}{10}$，$B=-\frac{1}{50}$，即

$$y_1^* = \frac{1}{10}x - \frac{1}{50}$$

由　$y'' + 2y' + 10y = e^{-x}\sin 3x$

令　$y_2^* = e^{-x}x(A\sin 3x + B\cos 3x)$

$$\begin{aligned}
y_2^{*\prime} &= -e^{-x}x(A\sin 3x + B\cos 3x) + e^{-x}(A\sin 3x + B\cos 3x) \\
&\quad + e^{-x}x(3A\cos 3x - 3B\sin 3x) \\
&= e^{-x}x[(-A-3B)\sin 3x + (3A-B)\cos 3x] + e^{-x}(A\sin 3x + B\cos 3x)
\end{aligned}$$

$$\begin{aligned}
y_2^{*\prime\prime} &= -e^{-x}x[(-A-3B)\sin 3x + (3A-B)\cos 3x] \\
&\quad + e^{-x}[(-A-3B)\sin 3x + (3A-B)\cos 3x] \\
&\quad + e^{-x}x[(-3A-9B)\cos 3x - (9A-3B)\sin 3x] \\
&\quad - e^{-x}(A\sin 3x + B\cos 3x) + e^{-x}(3A\cos 3x - 3B\sin 3x)
\end{aligned}$$

代入方程　$y'' + 2y' + 10y = e^{-x}\sin 3x$，得

$$-6B\sin 3x + 6A\cos 3x = \sin 3x$$

比较系数，得 $A=0$，$B=-\frac{1}{6}$，即

$$y_2^* = e^{-x}\cdot\left(-\frac{x}{6}\right)\cdot\cos 3x$$

原方程的通解为

$$\begin{aligned}
y &= e^{-x}(C_1\cos 3x + C_2\sin 3x) + \frac{1}{10}x - \frac{1}{50} + e^{-x}\cdot\left(-\frac{x}{6}\right)\cdot\cos 3x \\
&= e^{-x}\left[\left(C_1 - \frac{x}{6}\right)\cos 3x + C_2\sin 3x\right] + \frac{x}{10} - \frac{1}{50}
\end{aligned}$$

(4) $y'' + 2y' + 5y = \cos^3 x$

由　$y'' + 2y' + 5y = \cos^3 x$，得

$$y'' + 2y' + 5y = \frac{3}{4}\cos x + \frac{1}{4}\cos 3x$$

相应的齐次方程为

$$y'' + 2y' + 5y = 0$$

特征方程　$r^2 + 2r + 5 = 0$，$r_{1,2} = -1 \pm 2i$

齐次方程的通解为　$e^{-x}(C_1\cos 2x + C_2\sin 2x)$

由 $y'' + 2y' + 5y = \frac{3}{4}\cos x$

令 $y_1^* = A_1\cos x + A_2\sin x$

将 y_1^*，$y_1^{*\prime}$，$y_1^{*\prime\prime}$代入 $y'' + 2y' + 5y = \frac{3}{4}\cos x$，得 $A_1 = \frac{3}{20}$，$A_2 = \frac{3}{40}$，即

$$y_1^* = \frac{3}{20}\cos x + \frac{3}{40}\sin x$$

由 $y'' + 2y' + 5y = \frac{1}{4}\cos 3x$

令 $y_2^* = A_3\cos 3x + A_4\sin 3x$，得 $y_2^{*\prime}$，$y_2^{*\prime\prime}$

代入方程 $y'' + 2y' + 5y = \frac{1}{4}\cos 3x$，得 $A_3 = -\frac{1}{52}$，$A_4 = \frac{3}{104}$，即

$$y_2^* = -\frac{1}{52}\cos 3x + \frac{3}{104}\sin 3x$$

原方程的通解为

$$y = e^{-x}(C_1\cos 2x + C_2\sin 2x) + \frac{3}{20}\cos x + \frac{3}{40}\sin x - \frac{1}{52}\cos 3x + \frac{3}{104}\sin 3x$$

练习题6

1. 单选题.

(1) 微分方程$\frac{d^2y}{dx^2}+\left(\frac{dy}{dx}\right)^3+2x=0$ 的阶数是（　　）.

A. 1　　B. 2　　C. 3　　D. 0

(2) 下列微分方程中，一阶方程的是（　　）.

A. $y' = x^2 + y$　　B. $y'' + (y')^2 + e^x = 0$

C. $\frac{d^2x}{dy^2} + xy = 0$　　D. $\frac{d^4s}{dt^4} + s = s^4$

(3) 方程$\frac{d^3y}{dx^3}+e^x\frac{d^2y}{dx^2}+e^{2x}=1$ 的通解中应包含的任意常数的个数是（　　）.

A. 2　　B. 3　　C. 4　　D. 0

(4) 微分方程 $x^3(y'')^4 - yy' = 0$ 的阶数是（　　）.

A. 1　　B. 2　　C. 3　　D. 4

(5) 方程 $xy' + 3y = 0$ 的通解是（　　）.

A. x^{-3}　　B. Cxe^x　　C. $x^{-3}+C$　　D. Cx^{-3}

(6) 方程 $x\mathrm{d}y + \mathrm{d}x = e^y\mathrm{d}x$ 的通解是（　　）.

A. $y = Cxe^x$　　B. $y = xe^x + C$

C. $y = -\ln(1 - Cx)$　　D. $y = -\ln(1+x) + C$

(7) 方程 $x\mathrm{d}y - y\mathrm{d}x = 0$ 的通解是（　　）.

A. $y = Cx$　　B. $y = \frac{C}{x}$　　C. $y = Ce^x$　　D. $y = C\ln x$

(8) 方程 $x\mathrm{d}y = y\ln y\mathrm{d}x$ 的一个解是（　　）.

A. $y = \ln x$　　B. $y = \sin x$　　C. $y = e^x$　　D. $x = \ln^2 y$

(9) 方程 $y'' - y = 0$ 的通解是（　　）.

A. $y = e^x + e^{-x}$　　B. $y = e^x - e^{-x}$

C. $y = C_1e^x + C_2e^{-x}$　　D. $y = C_1e^{2x} + C_2e^{-2x}$

(10) 已知 $y = e^{-x}$是 $y'' + ay' - 2y = 0$ 的一个解，则 $a =$（　　）.

A. 0　　B. 1　　C. -1　　D. 2

(11) 方程 $y'' - 2y = e^x$的特解形式是（　　）.

A. $y^* = Ae^x$　　B. $y^* = Axe^x$　　C. $y^* = 2e^x$　　D. $y^* = e^x$

(12) 方程 $y'' + 4y = \cos 2x$ 的特解形式是（　　）.

A. $A\cos 2x$　　B. $A\sin 2x$

C. $A\cos 2x + B\sin 2x$

D. $x(A\cos 2x + B\sin 2x)$

2. 求下列微分方程的通解.

(1) $(x^2-1)y' + 2xy - \cos x = 0$

(2) $xy' - y = y^3$

(3) $xy' - y\ln y = 0$

(4) $y' = \sqrt{\dfrac{1-y^2}{1-x^2}}$

(5) $\dfrac{dy}{dx} = 10^{x+y}$

(6) $(e^{x+y} - e^x)dx + (e^{x+y} + e^y)dy = 0$

(7) $\cos x\sin y dx + \sin x\cos y dy = 0$

(8) $(y+1)^2\dfrac{dy}{dx} + x^3 = 0$

(9) $ydx + (x^2 - 4x)dy = 0$

(10) $xy' + y = x^2 + 3x + 2$

(11) $y' + y\cos x = e^{-\sin x}$

(12) $\dfrac{dy}{dx} + 2xy = 4x$

3. 求下列微分方程的通解.

(1) $y'' + 2y' + y = 0$

(2) $y'' + 2y' = 0$

(3) $y'' - 4y = 0$

(4) $y'' + 9y = 0$

4. 写出下列微分方程的特解形式.

(1) $y'' - 3y' = 8$

(2) $y'' + y' - 2y = e^{3x}$

(3) $y'' + 25y = \cos 5x$

(4) $y'' + 4y' + 8y = e^{2x}(\cos 2x + \sin 2x)$

5. 求下列微分方程的通解.

(1) $y'' - 8y' + 7y = 14$

(2) $y'' - 4y' + 4y = x^2$

(3) $y'' - 2y' + 2y = 2e^x$

(4) $y'' + 2y' + 2y = \cos x$

附录　常用初等数学公式

一、乘法与因式分解公式

1. $(x+a)(x+b)=x^2+(a+b)x+ab$
2. $(a\pm b)^2=a^2\pm 2ab+b^2$
3. $(a\pm b)^3=a^3\pm 3a^2b+3ab^2\pm b^3$
4. $(a+b+c)^2=a^2+b^2+c^2+2ab+2bc+2ca$
5. $a^2-b^2=(a+b)(a-b)$
6. $a^3\pm b^3=(a\pm b)(a^2\mp ab+b^2)$

二、指数运算

1. $a^m\cdot a^n=a^{m+n}$
2. $\dfrac{a^m}{a^n}=a^{m-n}$
3. $(a^m)^n=a^{mn}$
4. $\left(\dfrac{a}{b}\right)^m=\dfrac{a^m}{b^m}$ $(b\neq 0)$
5. $(ab)^m=a^mb^m$
6. $a^{-m}=\dfrac{1}{a^m}$
7. $\left(\dfrac{a}{b}\right)^{-m}=\left(\dfrac{b}{a}\right)^m$
8. $a^{\frac{m}{n}}=\sqrt[n]{a^m}$

（a，b 是正实数；m，n 是任意实数）

三、对数运算

1. 恒等式 $a^{\log_a N}=N$，$e^{\ln N}=N$
2. $\log_a(MN)=\log_a M+\log_a N$
3. $\log_a\dfrac{M}{N}=\log_a M-\log_a N$
4. $\log_a M^n=n\log_a M$
5. $\log_a\dfrac{1}{M}=\log_a M^{-1}=-\log_a M$
6. $\log_a\sqrt[n]{M}=\log_a M^{\frac{1}{n}}=\dfrac{1}{n}\log_a M$
7. 换底公式 $\log_a M=\dfrac{\log_b M}{\log_b a}$，$\log_a M=\dfrac{\ln M}{\ln a}=\dfrac{1}{\log_M a}$
8. $\log_a a=1$，$\log_a 1=0$，$\ln e=1$，$\ln 1=0$

（$0<a\neq 1$，$0<b\neq 1$；M，N 为正实数）

四、数列求和公式

1. $1+2+3+\cdots+n=\dfrac{n(n+1)}{2}$

2. $1^2+2^2+3^2+\cdots+n^2=\frac{n(n+1)(2n+1)}{6}$

3. $1^3+2^3+3^3+\cdots+n^3=\left[\frac{n(n+1)}{2}\right]^2$

4. $1+3+5+\cdots+(2n-1)=n^2$

5. $\frac{1}{1\cdot 2}+\frac{1}{2\cdot 3}+\frac{1}{3\cdot 4}+\cdots+\frac{1}{n(n+1)}=\frac{n}{n+1}$

五、数列

1. 等差数列：设首项为 a_1，公差为 d，则有

$$a_1,\ a_1+d,\ a_1+2d,\ \cdots a_1+(n-1)d,\ \cdots$$

通项公式　$a_n=a_1+(n-1)d$

前 n 项和　$S_n=\frac{n}{2}[2a_1+(n-1)d]=\frac{n}{2}(a_1+a_n)$

2. 等比数列：设首项为 a_1，公比为 q，则有

$$a_1,\ a_1q,\ a_1q^2,\ \cdots a_1q^{n-1},\ \cdots$$

通项公式　$a_n=a_1q^{n-1}$

前 n 项和　$S_n=\frac{a_1(1-q^n)}{1-q}=\frac{a_1-a_nq}{1-q}$，$q\neq 1$

六、二项式定理

1. $(a+b)^n=C_n^0a^n+C_n^1a^{n-1}b+C_n^2a^{n-2}b^2+\cdots+C_n^{n-1}ab^{n-1}+C_n^nb^n$

2. $C_n^k=\frac{n!}{(n-k)!\ k!}$，$k=0,\ 1,\ 2,\ \cdots n$，$n$ 为正整数

七、三角公式

1. 基本关系式

$\sin^2x+\cos^2x=1$　　$1+\tan^2x=\sec^2x$　　$1+\cot^2x=\csc^2x$

$\tan x=\frac{\sin x}{\cos x}$　　$\cot x=\frac{\cos x}{\sin x}$

$\sec x=\frac{1}{\cos x}$　　$\csc x=\frac{1}{\sin x}$

2. 两角和与差公式

$\sin(x\pm y)=\sin x\cos y\pm\cos x\sin y$

$\cos(x\pm y)=\cos x\cos y\mp\sin x\sin y$

$\tan(x\pm y)=\frac{\tan x\pm\tan y}{1\mp\tan x\tan y}$

$\cot(x\pm y)=\frac{\cot x\cot y\mp 1}{\cot y\pm\cot x}$

3. 倍角公式

$\sin 2x=2\sin x\cos x$　　$\cos 2x=\cos^2x-\sin^2x$

$\cos 2x = 1 - 2\sin^2 x$　　$\sin^2 x = \dfrac{1-\cos 2x}{2}$

$\cos 2x = 2\cos^2 x - 1$　　$\cos^2 x = \dfrac{1+\cos 2x}{2}$

$\tan 2x = \dfrac{2\tan x}{1-\tan^2 x}$　　$\cot 2x = \dfrac{\cot^2 x - 1}{2\cot x}$

4. 半角公式

$\sin^2 \dfrac{x}{2} = \dfrac{1-\cos x}{2}$　　$\cos^2 \dfrac{x}{2} = \dfrac{1+\cos x}{2}$

$\tan^2 \dfrac{x}{2} = \dfrac{1-\cos x}{1+\cos x}$　　$\cot^2 \dfrac{x}{2} = \dfrac{1+\cos x}{1-\cos x}$

5. 和差化积公式

$$\sin x + \sin y = 2\sin\frac{x+y}{2}\cos\frac{x-y}{2}$$

$$\sin x - \sin y = 2\cos\frac{x+y}{2}\sin\frac{x-y}{2}$$

$$\cos x + \cos y = 2\cos\frac{x+y}{2}\cos\frac{x-y}{2}$$

$$\cos x - \cos y = -2\sin\frac{x+y}{2}\sin\frac{x-y}{2}$$

6. 积化和差公式

$$\sin x\cos y = \frac{1}{2}[\sin(x+y) + \sin(x-y)]$$

$$\cos x\sin y = \frac{1}{2}[\sin(x+y) - \sin(x-y)]$$

$$\cos x\cos y = \frac{1}{2}[\cos(x+y) + \cos(x-y)]$$

$$\sin x\sin y = -\frac{1}{2}[\cos(x+y) - \cos(x-y)]$$

八、初等几何公式

下列公式中，r 表示半径，h 表示高，l 表示斜高.

1. 圆：周长 $=2\pi r$，面积 $=\pi r^2$.

2. 扇形：面积 $=\dfrac{1}{2}r^2\theta$，弧长 $=r\theta$，$\pi = 180°$，$1° = \dfrac{\pi}{180}$.

3. 正圆锥：体积 $=\dfrac{1}{3}\pi r^2 h$，侧面积 $=\pi r l$，全面积 $=\pi r(r+l)$.

4. 球：体积 $=\dfrac{4}{3}\pi r^3$，表面积 $=4\pi r^2$.

九、直线

1. 直线的斜率 k

$$k = \frac{y_2 - y_1}{x_2 - x_1} = \tan\alpha$$

2. 直线的方程

点斜式　$y-y_0=k(x-x_0)$

斜截式　$y=kx+b$，b 是纵截距

截距式　$\frac{x}{a}+\frac{y}{b}=1$，$a$，$b$ 为两轴截距，$a\neq0$，$b\neq0$

两点式　$\frac{y-y_1}{x-x_1}=\frac{y_2-y_1}{x_2-x_1}$

一般式　$Ax+By+C=0$，A，B 不同时为零

3. 两直线的关系

设　L_1：$y=k_1x+b_1$

　　L_2：$y=k_2x+b_2$

（1）$L_1 /\!/ L_2 \Leftrightarrow k_1=k_2$

（2）$L_1\perp L_2\Leftrightarrow k_1=-\frac{1}{k_2}\Leftrightarrow k_1k_2=-1$

（3）夹角 θ，$\tan\theta=\frac{k_2-k_1}{1+k_1k_2}$

（4）交点，$\begin{cases}A_1x+B_1y+C_1=0\\A_2x+B_2y+C_2=0\end{cases}$

十、二次曲线

1. 圆

（1）半径 r，圆心$(0,0)$，圆的方程 $x^2+y^2=r^2$.

（2）半径 r，圆心(a,b)，圆的方程 $(x-a)^2+(y-b)^2=r^2$.

（3）圆的一般方程 $x^2+y^2+Dx+Ey+F=0$.

（4）圆的参数方程$\begin{cases}x=x_0+r\cos t\\y=y_0+r\sin t\end{cases}$.

2. 椭圆

设长半轴 a，短半轴 b，半焦距 c，离心率 e，则

（1）椭圆的方程$\frac{x^2}{a^2}+\frac{y^2}{b^2}=1$ 或$\frac{x^2}{b^2}+\frac{y^2}{a^2}=1$

（2）$a^2-b^2=c^2$，$a>c>0$，$a>b>0$

（3）焦点 $F(\pm c,0)$或 $F(0,\pm c)$

（4）离心率 $\mathrm{e}=\frac{c}{a}$，$0<\mathrm{e}<1$

（5）椭圆的面积 $S=\pi ab$

（6）椭圆的参数方程$\begin{cases}x=a\cos t\\y=b\sin t\end{cases}$

3. 双曲线

设实半轴 a，虚半轴 b，半焦距 c，离心率 e，则

（1）双曲线的方程$\frac{x^2}{a^2}-\frac{y^2}{b^2}=1$或$\frac{y^2}{a^2}-\frac{x^2}{b^2}=1$

（2）$c^2=a^2+b^2$，$c>a>0$，$b>0$

（3）焦点$F(\pm c,0)$或$F(0,\pm c)$

（4）离心率$e=\frac{c}{a}$，$e>1$

（5）渐近线方程$y=\pm\frac{b}{a}x$，或$y=\pm\frac{a}{b}x$

（6）准线方程$x=\pm\frac{a^2}{c}$，或$y=\pm\frac{a^2}{c}$

4. 抛物线

抛物线方程，焦点，准线方程（$p>0$）

（1）$y^2=2px$，$F\left(\frac{p}{2},0\right)$，$x=-\frac{p}{2}$

（2）$y^2=-2px$，$F\left(-\frac{p}{2},0\right)$，$x=\frac{p}{2}$

（3）$x^2=2py$，$F\left(0,\frac{p}{2}\right)$，$y=-\frac{p}{2}$

（4）$x^2=-2py$，$F\left(0,-\frac{p}{2}\right)$，$y=\frac{p}{2}$

参考答案

练习题1

1. (1) $f(-x)=\begin{cases}-x, & x\geqslant 0\\ 0, & x<0\end{cases}$

(2) $1+\frac{\pi^2}{4}$

(3) $1-2x^2$

(4) 12π

(5) 2^{x^2}, 4^x

(6) $0<a\leqslant\frac{1}{2}$

(7) 无穷小，无穷大

(8) $\frac{3}{5}$

(9) -2

(10) 1

(11) 2

(12) 任意实数

(13) $\frac{1}{2}$, 2

(14) -7

(15) 1

2. (1) D (2) B (3) A (4) C (5) B (6) C (7) A (8) C (9) C

3. $[-3,-2]\cup[3,4]$

4. $f(x-1)=\begin{cases}x^2-1, & x\leqslant 1\\ 0, & x>1\end{cases}$

5. $\varphi(x)=\begin{cases}(x-1)^2, & 1\leqslant x\leqslant 2\\ 2(x-1), & 2<x\leqslant 3\end{cases}$

6. $0\leqslant k<2$

7. 偶.

8. $f[\varphi(x)]=\begin{cases}-\ln^2 x, & x\geqslant 1\\ -x, & 0<x<1\end{cases}$ D：$(0,+\infty)$

9. $f(x)$

10. (1) $\frac{9}{4}$ (2) $\frac{1}{4}$ (3) $\frac{\sqrt{2}-1}{\sqrt[3]{2}-1}$ (4) 1 (5) 1 (6) 1 (7) $-\frac{1}{2}$ (8) 1 (9) 8 (10) e^{-2} (11) $-\sqrt{2}$ (12) 1 (13) e (14) e^{-2}

11. 1

12. $f(x)$在点$x=0$处连续.

13. $x\neq 0$时，$f(x)$连续，$x=0$时，$f(x)$不连续.

14. $a=2$，$b=-1$.

15. $a=\frac{1}{m}$.

16. 令$F(x)=x\cdot 2^x-1$.

17. 令$F(x)=f(x)-g(x)$.

18. 令 $F(x)=x^5+a_1x^4+a_2x^3+a_3x^2+a_4x+a_5$，可证 $\lim\limits_{x\to+\infty}F(x)=+\infty$，$\lim\limits_{x\to-\infty}F(x)=-\infty$.

19. 令 $x=x_0+\Delta x$，由 $\lim\limits_{x\to x_0}f(x)=\lim\limits_{\Delta x\to 0}f(x_0+\Delta x)$，利用 $f(x+y)=f(x)e^y+f(y)e^x$，可推出结论.

练习题2

1. (1) 4　(2) $f'(x_0)$　(3) $f'(0)$　(4) -1

(5) $y=x$，$y=-x$　(6) 1，-3　(7) $\frac{1}{2}$，$\frac{3}{2}$　(8) $-\frac{1}{x}$

(9) $\frac{1}{2}$　(10) $-\frac{1}{x^2}$　(11) $-\frac{y}{x}$　(12) $y-2=-2x$

(13) -1，3　(14) $x-\frac{x^2}{2}$　(15) 100!

(16) $a^x\ln^2a+a(a-1)x^{a-2}$

2. (1) D　(2) A　(3) C　(4) A　(5) A

3. (1) $\frac{3}{4}x^{-\frac{1}{4}}$　(2) $\frac{1}{\sqrt{(1-x^2)^3}}$　(3) $e^{\sin^2x}\sin2x$

(4) $\frac{1}{2\sqrt{1+\sqrt{\ln x}}}\cdot\frac{1}{2\sqrt{\ln x}}\cdot\frac{1}{x}$　(5) $-\frac{1}{\sqrt{1-x}}\cdot\frac{1}{2\sqrt{x}}$

(6) $\frac{2}{1+x^2}$

4. (1) $\frac{e^x-y}{e^y+x}$　(2) $\frac{ay-x^2}{y^2-ax}$

(3) $\frac{\cos(x+y)}{1-\cos(x+y)}$　(4) $\frac{e^{-x}-y\sec^2(xy)}{e^{-y}+x\sec^2(xy)}$

5. (1) t　(2) -1　(3) $\frac{3t^2-1}{2t}$　(4) $\frac{t}{2}$

6. (1) $9e^{3x-1}$　(2) $-2\sin x-x\cos x$

(3) $2xe^{x^2}(2x^2+3)$　(4) $-\frac{1}{(x^2-1)^{\frac{3}{2}}}$

7. (1) $e^x(x+n)$　(2) $2^{n-1}\sin\left[2x+\frac{(n-1)\pi}{2}\right]$

(3) $(-1)^{n-2}(n-2)!\,x^{-(n-1)}\ (n\geqslant2)$　(4) $(-1)^nn!\left[\frac{1}{(x-2)^{n+1}}-\frac{1}{(x-1)^{n+1}}\right]$

8. $f^{(n)}(0)=(n-1)!$

9. (1) $\frac{2\ln(1-x)}{x-1}dx$　(2) $8x\tan(1+2x^2)\sec^2(1+2x^2)dx$

(3) $2\ln5\cdot\csc2x\cdot5^{\ln\tan x}dx$　(4) $\frac{4x^3y}{2y^2+1}dx$

10. $\dfrac{2x-y^2f'(x)-f(y)}{2yf(x)+xf'(y)}\mathrm{d}x$

11. $F(-x)=F(x)$，$F(-x)=-F(x)$，两边同时对 x 求导.

12. 用定义证明.

13. $F'(x)=f'(x^2-1)\cdot 2x-f'(1-x^2)\cdot 2x$

14. 方程两边对 x 求导，可证.

15. 取 $x_1=x$，$x_2=0$，得 $f(x)=f(0)f(x)$，$f(0)=1$，用导数定义.

16. 取 $x_1=x+\Delta x$，$x_2=x$，由 $0\leqslant|f(x+\Delta x)-f(x)|\leqslant|\Delta x|^2$，可证.

17. 令 $x=x_0+\Delta x$，得 $f(x_0+\Delta x)=f(x_0)\mathrm{e}^{\Delta x}+f(\Delta x)\mathrm{e}^{x_0}$用导数定义，可推出结论.

练 习 题 3

1. （1）$\dfrac{10}{3}$　（2）$\dfrac{\sqrt{3}}{3}$　（3）1　（4）2

（5）0　（6）-2　（7）$(-2,1)$　（8）-2

（9）1，3　（10）-2，$-\dfrac{1}{2}$　（11）$\dfrac{5}{4}$　（12）1

2. （1）C　（2）C　（3）A　（4）C　（5）D　（6）B　（7）C　（8）D　（9）D

3. （1）2　（2）$\dfrac{1}{6}$　（3）-1　（4）0

（5）$\dfrac{1}{2}$　（6）1　（7）1　（8）e^{-2}

4. 单增区间$(0,+\infty)$，单减区间$(-1,0)$.

5. （1）极大值$f(0)=0$，极小值$f(1)=-\dfrac{1}{2}$.

（2）极大值$f(-1)=2$，极小值$f(1)=-2$.

6. 最大值$f(4)=6$，最小值$f(0)=0$.

7. $\dfrac{9}{2}$

8. （1）上凹区间$\left(0,\dfrac{1}{2}\right)$，下凹区间$(-\infty,0)$，$\left(\dfrac{1}{2},+\infty\right)$，拐点$(0,0)$，$\left(\dfrac{1}{2},\dfrac{1}{16}\right)$.

（2）上凹区间$(1,\mathrm{e}^2)$，下凹区间$(0,1)$，$(\mathrm{e}^2,+\infty)$，拐点$(\mathrm{e}^2,\mathrm{e}^2)$.

9. $a=1$，$b=-3$，$c=-24$，$d=16$.

10. （1）令$f(x)=2\sqrt{x}-3+\dfrac{1}{x}$，由$f'(x)>0$，可证结论.

（2）令$f(x)=\cos x-1+\dfrac{x^2}{2}$，由$f''(x)\geqslant 0$，得$f'(x)\uparrow$，可证结论.

11. 由$\varphi'(x)=\dfrac{xf'(x)-f(x)}{x^2}$，得$\varphi'(a)=0$，$f'(a)=\dfrac{f(a)}{a}$，可知 $x=a$ 处的切线方程，可证$f(x)$在 $x=a$ 处的切线过原点.

12. （1）$x=0$，$y=0$　（2）$x=1$，$y=0$

13. 略.

练 习 题 4

1. （1）$\mathrm{d}f(x)$

（2）$\sin 2x$

（3）$\ln x$

（4）$\frac{1}{2}f(2x)+C$

（5）$\frac{1}{2}\cos x^2+C$

（6）$\frac{1}{3}x^3+C$

（7）$\frac{x\cos x-\sin x}{x}-\frac{\sin x}{x}+C$

（8）$C\mathrm{e}^{\sin x}$

（9）$F(\mathrm{e}^x)+C$

2. （1）B　（2）D　（3）D　（4）A　（5）C　（6）C　（7）A　（8）B　（9）A

3. （1）$\frac{1}{2}\sin\left(2x-\frac{\pi}{3}\right)+C$

（2）$\frac{3}{10}(2x-1)^{\frac{5}{3}}+C$

（3）$\frac{1}{2}\sin x^2+C$

（4）$2\arctan\sqrt{x}+C$

（5）$\arctan \mathrm{e}^x+C$

（6）$\frac{1}{4}\sin^4 x+C$

（7）$-\cos \ln x+C$

（8）$\cos\frac{1}{x}+C$

（9）$\sqrt{1+\ln^2 x}+C$

（10）$\arctan\sqrt{\mathrm{e}^x}+C$

4. （1）$\frac{1}{15}(3x+1)^{\frac{5}{3}}+\frac{1}{3}(3x+1)^{\frac{2}{3}}+C$

（2）$\frac{6}{7}x^{\frac{7}{6}}-\frac{6}{5}x^{\frac{5}{6}}+2x^{\frac{1}{2}}-6x^{\frac{1}{6}}+6\arctan x^{\frac{1}{6}}+C$

（3）$\frac{1}{2}\ln\left|\frac{2-\sqrt{4-x^2}}{x}\right|+C$

（4）$\ln|x+\sqrt{x^2-9}|-\frac{\sqrt{x^2-9}}{x}+C$

（5）$\frac{1}{2}\arctan x-\frac{1}{2}\cdot\frac{x}{1+x^2}+C$

（6）$\frac{1}{10}\ln\frac{x^{10}}{1+x^{10}}+C$

5. （1）$(x^2-2)\sin x+2x\cos x+C$

（2）$\frac{x^2}{3}\mathrm{e}^{3x}-\frac{2}{9}x\mathrm{e}^{3x}+\frac{2}{27}\mathrm{e}^{3x}+C$

（3）$\frac{x^2}{2}\ln(1+x^4)-x^2+\arctan x^2+C$

(4) $\frac{x^3}{3}\arccos x - \frac{2+x^2}{9} \cdot \sqrt{1-x^2} + C$

6. $-\sin x - \frac{2\cos x}{x} + C$

7. $\frac{1}{4}\cos 2x - \frac{\sin 2x}{4x} + C$

8. $x + \frac{1}{3}x^3 + 1$

9. $\frac{x}{2}f'(2x-1) - \frac{1}{4} \cdot f(2x-1) + C$

练 习 题 5

1. (1) $\ln\sin x$　(2) 1　(3) $1-\frac{2}{e}$　(4) 3

(5) 1　(6) 1　(7) $2-\frac{\pi}{2}$　(8) 1

(9) 0　(10) $\frac{4}{3}$　(11) $\frac{3}{2}-\ln 2$　(12) $\frac{1}{2}$

(13) $\frac{15}{2}\pi$　(14) $\frac{3}{10}\pi$

2. (1) C　(2) B　(3) C　(4) D　(5) C　(6) D　(7) D　(8) A　(9) A

3. (1) $\int_0^1 e^{-x}dx \leqslant \int_0^1 e^{-x^2}dx$　(2) $\int_0^1 e^{x}dx \geqslant \int_0^1 e^{x^2}dx$

4. (1) $\frac{1}{3}$　(2) $\frac{1}{2}$

5. (1) $\frac{1}{2}(25-\ln 26)$　(2) $\frac{\pi}{6}-\frac{\sqrt{3}}{2}+1$

(3) $1+\ln 2-\ln(1+e)$　(4) $\frac{32}{3}$

(5) $2(\sqrt{3}-1)$　(6) $\frac{\pi}{2}$

6. (1) $2(\sqrt{2}-1)$　(2) $4\sqrt{2}$

(3) $6\frac{2}{3}$　(4) $2-e^{-1}+\ln 2$

7. (1) $2-\frac{\pi}{2}$　(2) $\frac{5}{3}$

(3) $\arctan 2-\frac{\pi}{4}$　(4) $\sqrt{3}-\frac{\pi}{3}$

(5) $\frac{\pi}{2}-2+\ln 2$　(6) $\frac{4\pi}{3}-\sqrt{3}$

8. $2e^2$

9. e

10. $f(x)=x^2-\frac{4}{3}x+\frac{2}{3}$

11. $f(x)=3x-3\sqrt{1-x^2}$或$f(x)=3x-\frac{3}{2}\sqrt{1-x^2}$

12. $\frac{1}{2}\int_a^b f''(x)(x-b)^2\mathrm{d}x=\frac{1}{2}\int_a^b (x-b)^2\mathrm{d}f'(x)$，用分部积分法，可推出结论.

13. $\int_a^b f(x)\frac{\ln x}{x}\mathrm{d}x=\int_a^b f\left(\frac{ab}{x}\right)\frac{\ln x}{x}\mathrm{d}x$，令$\frac{ab}{x}=t$，用换元积分法，可推出结论.

14. $\Phi'(x)=x\int_0^x f(t)\mathrm{d}t-\int_0^x tf(t)\mathrm{d}t$，$\Phi''(x)=\int_0^x f(t)\mathrm{d}t$.

15. $\Phi''(x)=\frac{2x\sin x^4}{1+x^4}$

16. 令$F(x)=\int_0^x f(t)(x-t)\mathrm{d}t-\int_0^x\left[\int_0^t f(u)\mathrm{d}u\right]\mathrm{d}t$，化简，求导可推出结论.

练习题6

1. (1) B　(2) A　(3) B　(4) B　(5) D　(6) C　(7) A　(8) C
(9) C　(10) C　(11) A　(12) D

2. (1) $y(x^2-1)=\sin x+C$　　(2) $y^2=C^2x^2(y^2+1)$
(3) $y=e^{Cx}$　　(4) $\arcsin y=\arcsin x+C$
(5) $10^{-y}+10^x=C$　　(6) $(e^x+1)(e^y-1)=C$
(7) $\sin x\sin y=C$　　(8) $3x^4+4(y+1)^3=C$
(9) $(x-4)y^4=Cx$　　(10) $y=\frac{x^2}{3}+\frac{3}{2}x+\frac{C}{x}+2$
(11) $y=(x+C)e^{-\sin x}$　　(12) $y=2+Ce^{-x^2}$

3. (1) $y=(C_1+C_2x)e^{-x}$　　(2) $y=C_1+C_2e^{-2x}$
(3) $y=C_1e^{2x}+C_2e^{-2x}$　　(4) $y=C_1\cos 3x+C_2\sin 3x$

4. (1) $y^*=Cx$　　(2) $y^*=Ce^{3x}$
(3) $y^*=x(C_1\cos 5x+C_2\sin 5x)$　　(4) $y^*=e^{2x}(C_1\cos 2x+C_2\sin 2x)$

5. (1) $y=C_1e^x+C_2e^{7x}+2$
(2) $y=(C_1+C_2x)e^{2x}+\frac{x^2}{4}+\frac{x}{2}+\frac{3}{8}$
(3) $y=e^x(C_1\cos x+C_2\sin x)+2e^x$
(4) $y=e^{-x}(C_1\cos x+C_2\sin x)+\frac{1}{5}\cos x+\frac{2}{5}\sin x$

参考文献

[1] 孔辉利．高等数学．北京：冶金工业出版社，2013.
[2] 盛祥耀．高等数学．北京：高等教育出版社，1993.
[3] 孟祥发．高等数学．北京：机械工业出版社，2000.
[4] 同济大学数学教研室．高等数学．第4版．北京：高等教育出版社，1996.
[5] 同济大学．高等数学．北京：高等教育出版社，2001.